科普新阅读

世界科学历史上的
伟大发现

The Great Discovery of International Science in the History

陕西出版集团
陕西科学技术出版社

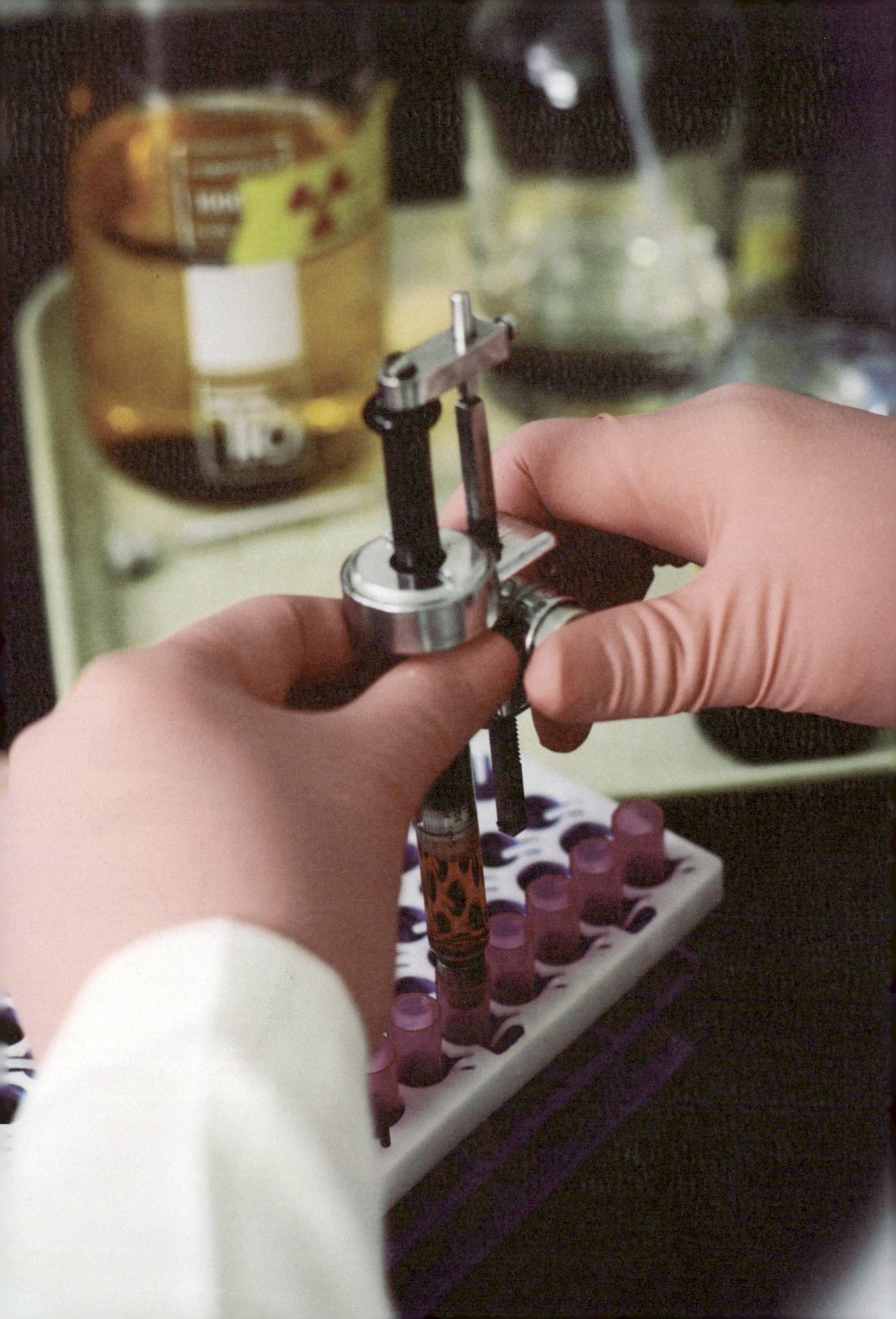

前言

微风吹落露珠，可以带给我们一种曼妙的声音；朗月点缀夜空，可以让我们欣赏到一幅靓丽的图画；旷谷弥漫着幽香，可以让我们陶醉于一种亦真亦幻的悠远意境当中……这种种妙不可言的感受，完全得益于我们身处于绚丽多彩的现代文明世界。

饮水思源，我们应当感谢所有为构筑现代物质文明作出过贡献的人们，是他们改变了人类历史的进程，缔造了如今舒适、惬意的生活。让我们从日常生活中随手可及的发现创新中，去缅怀、去追忆……

成功的发现推动了社会的发展，造就了今天的现代文明。诸如：日心说、氧气、北京人、南极大陆、汉谟拉比法典等对人类社会的影响极其深刻。它们不仅满足了人类生存的需要，提高了人们的生活质量，同时也深刻地改变了人类的思维观念和对世界的认识。在这本书里，我们汇集了科学史上最伟大的发现诞生瞬间的故事。这些伟大的发现，是人类智慧的结晶，凝结着众多发明家的心血和汗水。

上世纪初，曾有一位西方学者预言："人类的发展已经到了极限，很难再有什么发明创新了。"可是没过多久，DNA 螺旋结构、中子、黑洞这样的伟大发现以其最真实的面目呈现在世人面前。

于是，我们坚信：发现的步伐永远不会停止。历史的车轮会继续滚滚向前，而伴随文明时代成长的我们将会聆听到更加动听的声音、欣赏到更加瑰丽的图画、感受到更加心旷神怡的场景……

目录

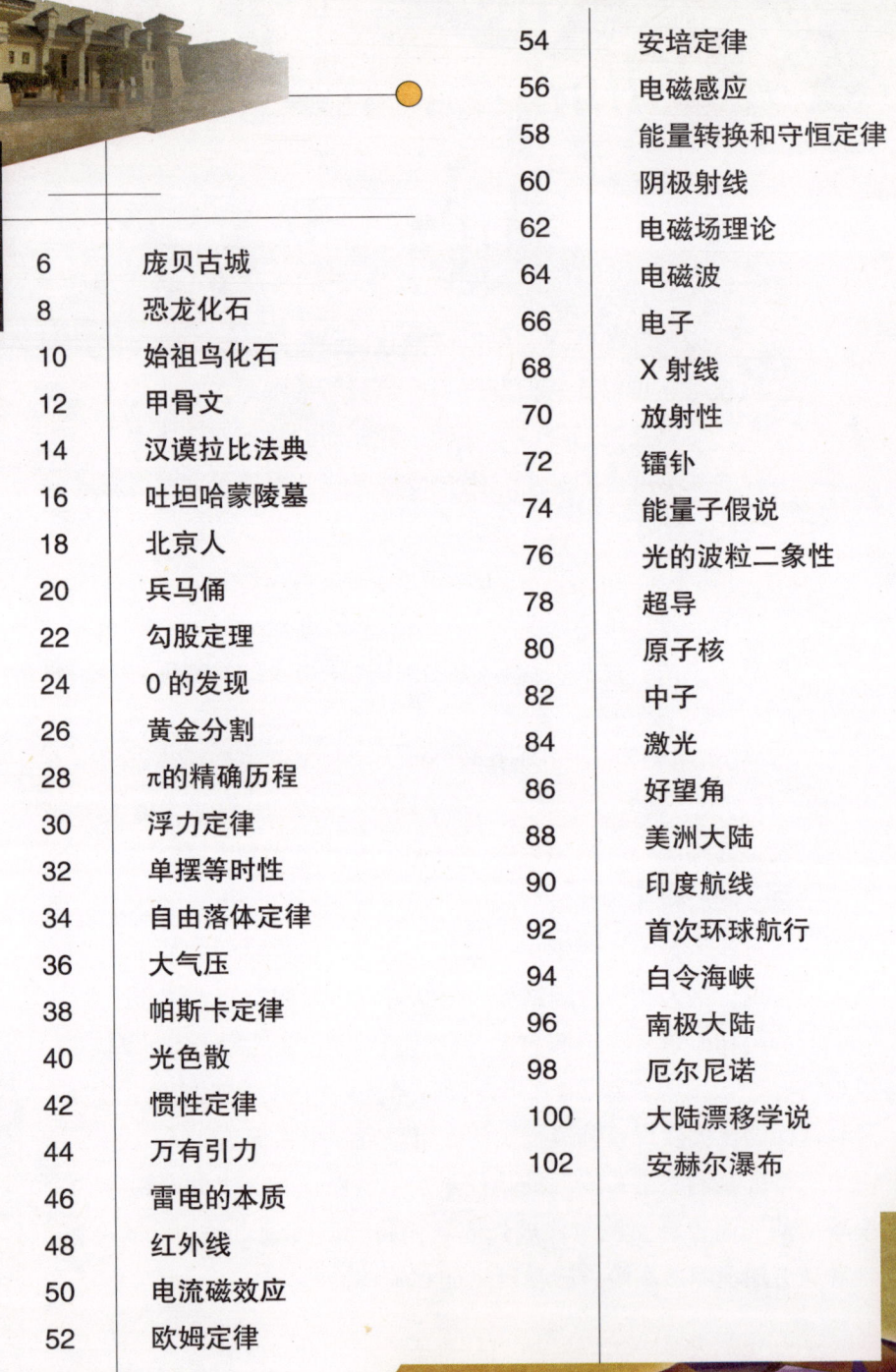

6	庞贝古城
8	恐龙化石
10	始祖鸟化石
12	甲骨文
14	汉谟拉比法典
16	吐坦哈蒙陵墓
18	北京人
20	兵马俑
22	勾股定理
24	0 的发现
26	黄金分割
28	π的精确历程
30	浮力定律
32	单摆等时性
34	自由落体定律
36	大气压
38	帕斯卡定律
40	光色散
42	惯性定律
44	万有引力
46	雷电的本质
48	红外线
50	电流磁效应
52	欧姆定律
54	安培定律
56	电磁感应
58	能量转换和守恒定律
60	阴极射线
62	电磁场理论
64	电磁波
66	电子
68	X 射线
70	放射性
72	镭钋
74	能量子假说
76	光的波粒二象性
78	超导
80	原子核
82	中子
84	激光
86	好望角
88	美洲大陆
90	印度航线
92	首次环球航行
94	白令海峡
96	南极大陆
98	厄尔尼诺
100	大陆漂移学说
102	安赫尔瀑布

104	中草药
106	解剖学
108	血液循环
110	微生物
112	天花疫苗
114	生物电
116	麻醉剂
118	进化论
120	细菌学说
122	遗传学说
124	结核杆菌
126	病毒
128	维生素
130	黄热病
132	血型
134	精神分析学说
136	条件反射
138	噬菌体
140	胰岛素
142	链霉素
144	DNA双螺旋结构
146	日心说
148	行星运动三大规律
150	星云假说
152	哈雷彗星
154	天王星
156	海王星
158	太阳黑子周期
160	哈勃定律
162	冥王星
164	宇宙背景辐射
166	脉冲星
168	黑洞
170	金刚石
172	磷
174	氮气
176	氧气
178	燃烧理论
180	氢气
182	分子原子学说
184	碘
186	溴
188	臭氧
190	元素周期表
192	单质氟
194	味精
196	同位素
198	纳米材料

庞贝古城

大约在 1 000 多年以前，意大利的古城庞贝在维苏威火山的爆发中消失了；千年过后的今天，我们看到了历史遗留下来的痕迹：庞贝，以它瞬间痛苦的毁灭为代价，穿越了千余年的时空，向世人诉说着生命的宝贵。

公元 79 年 8 月 24 日，维苏威火山爆发，喷出了大量的火山灰和火山碎屑，将方圆数十千米以内的土地、城市、建筑完完全全地掩埋了，最深处竟达 19 米。所有的人和动物，都被活活掩埋，速度之快，无一幸免。即使侥幸离开家园而逃离劫难的庞贝人，再回到家乡时，已无法找到原来的城市。曾被誉为美丽花园的庞贝就这样沉睡在了时空之中。一切的安逸繁荣，就在刹那消失。

新的城镇很快又矗立起来。经过漫长的岁月，人们已忘却了这座完整密封于占地 65 公顷的火山屑中的罗马古城，只叫它"西维塔"。

1707 年，人们在维苏威山脚下的一座花园里打井时，挖掘出三尊衣饰华丽的女性雕像。起初，人们以为这些不过是那不勒斯海湾沿

庞贝古城中挖掘出的火山灰包裹着的人体遗骸

岸古代遗址中的文物，没有人意识到，一座古代城市此刻正完整地密封在他们脚下占地近65公顷的火山岩屑中。

1748年，人们挖掘出了被火山灰包裹着的人体遗骸，这才意识到，1 600多年前被火山爆发掩埋的一座城市正在悄悄苏醒！

大批的考古学家闻风而至，在他们精心的挖掘下，这个深埋于地下、曾经有过灿烂辉煌文明的庞贝古城终于重见天日了。

如今庞贝古城的街道

画家通过想象对庞贝古城遇难时的场面的描绘

>> 更多介绍

华伦海特研制了早期的温突发的灭顶之灾使庞贝的生命倏然终止，它在被毁灭的那一刻也同时被永远地凝固了，它幸运地躲过了上千年岁月的侵蚀。直至今天，我们还能领略到这处古文明遗址最动人心魄的美丽。与庞贝古城同时出土的还有两千多具白骨，他们在沉睡的古城里个个都还保持着灾难来临前的自然形态，像是一具具雕塑，无声地诉说着那个灭顶之灾的故事。人们仿佛看见，在那个天崩地裂的时刻，到处充满了恐惧与慌乱，所有的人都在争相逃命。有的是父母拉着孩子狂奔在街上，有的是全家人挤在房间的一角，还有一对情侣紧紧地拥抱在一起。

庞贝古城重见天日以后，人们惊异地发现，古城里那些竞技场、面包烘房、酒吧、步行街、剧院等都一一俱在，并且自然而真实，堪称奇迹！

德国诗人歌德看见庞贝后说："在世界上发生的诸多灾难中，还从未有过任何灾难像庞贝一样，它带给后人的是如此巨大的愉悦。"

恐龙化石

化石是生物演化过程中留下的无字档案,是人们了解和研究史前动物悲欢离合、兴盛衰败的可靠依据,根据这些化石人们可以去追寻失去的世界。尽管恐龙绝灭了,已经被厚厚的地层画上了句号,但它们留在地层中的片片化石,却是科学家们研究的绝好证据。人类发现恐龙正是从研究恐龙化石开始的。

19世纪早期,正是英国工业革命兴旺时期,到处开公路,修运河,发展交通。新修公路旁边的峭壁上偶尔能够见到一些暴露出来的骨骼、牙齿或其他部分的化石。

由于医生的职业特点,曼特尔对脊椎动物化石尤其感兴趣。行医治病之余,他常常带着妻子玛丽安一起爬山涉水去寻找和采集化石。耳濡目染,玛丽安也对化石产生了浓厚的兴趣。

恐龙的骨架形成的化石

1822年3月的一天上午,玛丽安在去接应诊的曼特尔回家的路上,偶然在路边的碎石堆里发现了几枚形状奇特的巨大动物的化石牙齿。曼特尔回到家里,看到玛丽安采集到的化石也兴奋异常,可是他们却始终认不出那是什么动物的牙齿。

为了探明化石牙齿的来源,曼特尔找到了有名的英国地质学家莱尔勋爵,把化石拿给他鉴定。莱尔翻来覆去地看了老半天,最后说不认识。曼特尔只得把收集起来的牙齿化石寄到巴黎科学院,请求当时研究古脊椎动物的权威居维叶帮忙鉴定。居维叶也从未见过这类化石,他只凭以往的经验再加上自己的猜测,初步断定牙齿化石

关键人物

吉迪昂·曼特尔的职业是英国的一名乡村医生,但他却长期致力于中生代的古生物学研究。行医治病之余,对大自然充满了好奇的他,特别喜爱收集和研究化石。曼特尔最为突出的成就当属在白垩纪的地层中首次发现了著名的恐龙类爬行动物,了不起的是,在当时已知的5个属的恐龙中,有4个属是曼特尔发现的。为了纪念曼特尔,人们特地把他的故居改为博物馆。

可能属于一种灭绝了的古老犀牛，而且居维叶认为这些化石的地质年代不会太遥远。

熟知动物牙齿的曼特尔对居维叶的鉴定意见并不相信，他再次将那些化石标本转送给牛津大学的巴克兰教授，请求再进行鉴定。巴克兰也从来没有见过类似的化石。但他不敢轻易否定居维叶的意见，于是，他很轻率地对曼特尔说："我同意居维叶的鉴定。"

恐龙的骨架形成的化石

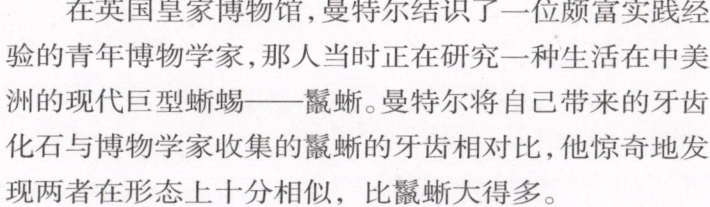

两位学者的结论都不能够使曼特尔信服，他决心自己钻研出一个令自己信服的答案来。打定主意，曼特尔收集了更多的化石，他带着化石标本来到伦敦大英博物馆，借阅资料并利用馆藏的动物标本进行对比，企图从中找到一些有助于鉴定的蛛丝马迹。尽管很长时间都没有进展，但曼特尔却毫不泄气。

在英国皇家博物馆，曼特尔结识了一位颇富实践经验的青年博物学家，那人当时正在研究一种生活在中美洲的现代巨型蜥蜴——鬣蜥。曼特尔将自己带来的牙齿化石与博物学家收集的鬣蜥的牙齿相对比，他惊奇地发现两者在形态上十分相似，比鬣蜥大得多。

曼特尔喜出望外，经过思索，他首先肯定，这些牙齿的化石不是哺乳动物的，而是属于爬行动物的，并且是一种现在已经灭绝了的巨大的食草爬行动物。

曼特尔回到家里，整理出在皇家博物馆研究的资料，写成一篇论文，把这批化石定名为"Iguanodon"（古鬣蜥），翻译成汉语就是"禽龙"的意思。1825年，曼特尔在英国皇家学会报上报道了他的发现。

>> 更多介绍

曼特尔为禽龙命名时，"恐龙"的名称还没有提出来。1842年，英国古生物学家理查·欧文为说明在中生代地层中发现的陆栖大型爬行动物，首先创造了"Dinosaur"（恐龙）这一名称。该词由"Deinos"（恐怖的）和"Sauros"（蜥蜴）组成，意思是"恐怖的蜥蜴"，因为中国一向有关于"龙"的传说，所以译为"恐龙"。

始祖鸟化石

> 鸟类作为人类的朋友，得到了我们的关注。相形之下，鸟类学家关注的是它们的现在和未来，而古生物学家则更关注它们的过去。始祖鸟是目前已知的最早的鸟类，它的发现对于全面了解鸟类从古至今的演变与进化有着十分重大的意义。

鸟类作为人类赖以生存的生态环境中重要的一员，在研究生物系统分类与进化理论，以及防治鼠害与林害，保持生态平衡等方面，有着不可替代的作用。关于鸟类从何而来的问题，人类很早就开始探讨了。

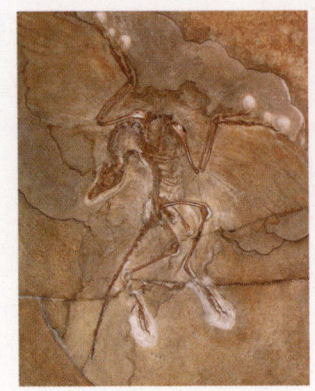

始祖鸟化石

1861年，在德国巴伐利亚省的索伦霍芬发现的始祖鸟化石，显示出鸟类与爬行类之间有着密切的关系。

迄今为止，人类已经发现了1个羽毛化石和7具始祖鸟化石标本，这些珍贵的资料全都是在德国巴伐利亚地区的索伦霍芬附近的侏罗纪后期（距今约1亿5千万年）石灰岩地层中发现的。在侏罗纪时期，索伦霍芬一带是一片泻湖，泻湖底部的水含氧量极低，非常有助于化石的形成和保存。在19世纪，索伦霍芬成了用于平版印刷的优质石灰石的主要产地，采石工人们在开采、挑选石材的时候，很容易就能发现一些动物的标本。

1861年8月，德国古生物学家冯迈耶宣布在该处地层中发现了一个羽毛化石。人们还来不及对这个消息做出反应，一个多月后，冯迈耶又宣布在同一个地方发现了一具较为完整（缺少头部）的化石标本，这具化石标本清楚地显示出这种古生物有一对长着羽毛的翅膀，冯迈耶将之命名为"Archaeopteryx Lithographica"，意思是"长着古翼的印版石"，中文意译为"始祖鸟"。

出土这具始祖鸟化石的采石场的主人把这块化石作为治病

的报酬给了当地的医生、化石收藏者卡尔·哈伯伦。后来，哈伯伦为了给女儿办嫁妆，向外界表示愿意出售该标本。大英博物馆自然历史部的负责人理查德·欧文是当时公认的古生物学权威，也是达尔文进化论的主要反对者，他把始祖鸟化石视为一大威胁，决心不惜任何代价将它买来控制在自己手中，由他本人来做权威鉴定。1862年10月1日始祖鸟化石抵达大英博物馆，以后一直留在那里，被称为"伦敦标本"。

近年来，科学家们一直没有停止对始祖鸟化石的研究。他们陆续在中国、西班牙、法国各地发现了多种与始祖鸟类似的过渡型化石，特别是在中国辽西，这类化石的种类之多、数量之巨，更是令人叹为观止。它们有的是恐龙与始祖鸟之间的过渡型，有的则是始祖鸟与鸟类之间的过渡型。它们未必就是鸟类的直接祖先（更可能是进化的死端），但是同时具有爬行类和鸟类的特征，属于过渡型，却是可以肯定的。这些化石已充分证明了鸟类是从一种恐龙（虚骨龙类）进化来的。

根据始祖鸟的骨骼构造，推测还原的某一种始祖鸟的外貌。

利用高科技虚拟还原的始祖鸟生活时代的场景

>> **更多介绍**

根据达尔文进化论，生物是逐渐进化而来的。然而，在《物种起源》于1859年发表的时候，古生物学家还没有发现一具能够直接证明生物进化的所谓过渡型化石。达尔文解释说，这是由于化石纪录极为不完全。化石的形成是一个非常偶然的事件，过渡型生物体要碰巧被保留下来并被人们发现，更为偶然。不过仅仅过了两年，第一具过渡型化石——始祖鸟，就在德国出土了。它既有爬行类的特征，又有鸟类的特征，明显是从爬行类到鸟类的过渡型。

甲骨文

文字是文化的载体,借助于成熟的文字,人类历史上光辉灿烂的文化典籍才得已流传下来。经过几千年的沉睡,直到清代光绪二十五年(公元1899年),甲骨文才得以确认,这是我国已经发现的具有严密结构系统的最成熟的一种文字。它记载了三千多年前中国社会政治、经济、文化等各方面的资料。甲骨文的发现,震惊中外,影响深远,由此而引起了对商都殷墟的发掘,中国近代考古学从此诞生。

甲骨文的发现经历了一个错综复杂的过程。大约从19世纪80年代开始,河南安阳小屯村的农民耕作时,率先发现了一些刻画有独特符号的龟甲兽骨。据说一位叫李成的农民把它当作了赚钱的药材卖给药店的老板,药店老板根据李时珍《本草纲目》中的记载,将它认定为有药用价值的"龙骨"而加以收购,"龙骨"因此大量流入民间。一个名叫王懿荣的山东人,他与"龙骨"第一次偶然相遇,就独具慧眼,从中发现了甲骨文,并成为把甲骨文考订为商代文字的第一人。

1899年的秋天,王懿荣得了疟疾病,用了许多药都不见轻。京城里一位深谙药性的老中医给他开了一剂药方,药方上一味名叫"龙骨"的中药吸引住了他。由于"龙骨"在药房里就已经捣碎了,所以从留下的药渣里什么也没有看到。

于是王懿荣又让家人从药店里买回了没有捣碎的

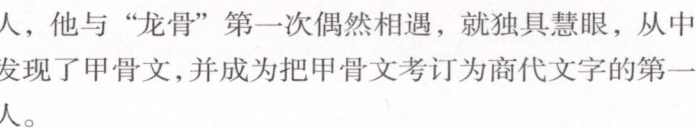

中心人物

王懿荣(1845~1900),祖籍山东福山,出生于官宦世家,是光绪六年进士、翰林。他学识渊博,对金石、版本、书画都有很深的造诣,并酷爱文物,为搜求散失在民间的古物几乎花尽了俸禄。1899年,他从卖给药店的"龙骨"中发现了中国最早的文字,并开始搜集整理,因此而成为我国研究殷墟甲骨文字开创之人。

"龙骨"作研究。那些"龙骨"碎片上镌有的奇异纹络引起了王懿荣强烈的兴趣，他叮嘱药房老板，如果再有商贩送"龙骨"来，请代为引荐。

不多时日，名扬京华的古董商范维清被引见到王府，这次他带来了12片"龙骨"，这是他到河南安阳、汤阴一带去收购青铜器顺便收集来的药材。王懿荣见到刻有文字的甲骨片，分外高兴。他把这些大大小小的龙骨对到一起，竟然拼成了两三块龟版！他仔细端详着每一片甲骨上刻画的一个个道道，它们都是单一成形的"符号"，他据此猜测这是上古之人留下来的文字。王懿荣以每字一两银子的高价买下了这12片甲骨。并当场给范维清六百两银子，让他为自己继续大量收购。

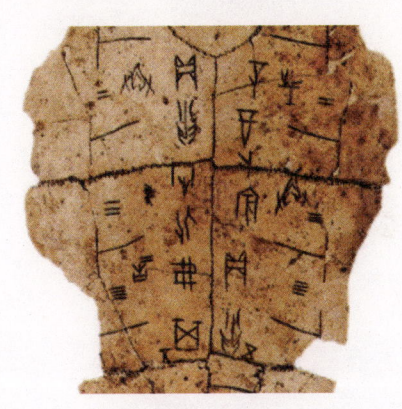

之后，王懿荣翻遍了各种史料典籍，有关"龙骨"的悬念在他脑海中渐渐变得清晰：毫无疑问，这就是先祖们占卜用的龟版！此后，他又从骨头片子上找到了商代几位国王的名字，对照《史记》，得到了初步的印证。

商晚期兽骨甲骨文

确定"龙骨"为殷商故物后，王懿荣吩咐家人到北京各个大药房，专拣带字的"龙骨"买下，购得数千片。自此，他从骨头片上又认识了更多的字，读出了上古社会的许多秘密。于是，中国最古老的文字被发现了！

>> **更多介绍**

公元前14世纪，商王盘庚迁都于殷，就是今天的安阳小屯一带，史称殷墟。商代是神权政治时代，商王及贵族等遇事都要占卜，大到国家政事，小到私人生活，诸如征伐、游猎、生子、疾病等，行动之前都测其吉凶祸福。占卜时首先用火烧灼龟甲或兽骨上的钻穴，烧灼后正面出现裂纹，称为卜兆。商王或史官就根据卜兆来判断吉凶，然后在卜兆旁刻上要祈求的事情，这就是卜辞。因为卜辞都是刻在龟甲兽骨上的，所以被称作甲骨文。商灭亡后，殷都成为废墟。甲骨文也被埋入地下三千多年。

13

汉谟拉比法典

汉谟拉比法典,是现存最早的也是最完备的成文法典之一。它反映了两河流域当时的社会经济情况,是研究古巴比伦社会的重要资料。

公元前1600多年,汉谟拉比率领他的游牧民族占领了美索不达米亚,建立了巴比伦帝国。他的臣民们相互之间常常因观点不同而发生冲突,为了调整民众间的关系,维护统治秩序,汉谟拉比拟订了一套全体人民都必须遵从的法律,这就是汉谟拉比法典。

汉谟拉比法典制定的确切时间不清,大概在公元前1791年或前1790年始拟,完成于巴比伦尼亚统一之后。汉谟拉比法典用楔形文字刻写在一根高2.25米的黑色玄武岩石柱上,昭示天下和后人。这块石柱于1901年在伊朗被发现,现存于法国巴黎卢浮宫博物馆内。

法典包括序言、正文、结尾三部分。序言充满神化、美化汉谟拉比的言辞。正文包括282条法律,包括

汉谟拉比的装饰性雕像

中心人物

汉谟拉比,古巴比伦王国的第六代国王(公元前1792～前1750年在位),自称"月神的后裔"。在位期间用35年时间统一了两河流域,建立起中央集权的专制制度。

为保护奴隶主的利益并维护自己的统治,他制订了古代第一部比较完备的成文法典——汉谟拉比法典。

刑事法及有关占有奴隶、结婚和离婚、偿还债务和支付工资等方面，内容广阔地涉及了现代意义上的诉讼法、民法、刑法、婚姻法等内容，其意义在于调解自由民之间的财产占有、继承、转让、租赁、借贷、雇佣等多种经济关系和社会、婚姻关系。

记录于公元前1728～前1686年的汉谟拉比法典(部分)

法典表明古巴比伦社会存在着奴隶主、奴隶、小生产者三个基本阶级，其中法典对奴隶制予以严格的保护，这体现了法典的性质。结尾部分除继续对汉谟拉比歌功颂德以外，还强调了法典原则的不可改变性。

汉谟拉比法典的制定标志着古西亚法律制度的进步和国家的成熟。

法典石柱顶部

汉谟拉比法典

>> **更多介绍**

在颁布法典的同时，汉谟拉比还建立了一个巴比伦宗教，来代替多神崇拜。在雕刻着汉谟拉比法典的石柱顶部，是汉谟拉比与巴比伦的正义之神沙玛什的雕像，汉谟拉比正从沙玛什手中接过权杖。如今，这块石柱存于法国卢浮宫博物馆。

吐坦哈蒙陵墓

"**谁**要是干扰法老的安宁，死亡就会飞到他的头上。"这是刻在古埃及第十八位法老吐坦哈蒙陵墓上的一句诅咒。当沉睡了几千年的陵墓被开启后，这样的死亡诅咒更为陵墓本身增添了恐怖和神秘的色彩。

古代的埃及人在帝王谷埋葬了他们的几位最伟大的国王。到 20 世纪初期，考古学家们几乎已经发现了他们的全部陵墓。发掘出来的绝大多数陵墓令人失望，因为盗墓贼早已偷走了里面所有的珍宝。

可是，英国考古学家霍华德·卡特相信还有一座陵墓有待发掘，这就是少年夭折的吐坦哈蒙的陵墓。吐坦哈蒙是古埃及第十八位年轻的法老，他统治埃及 9 年，公元前 1350 年，18 岁的他神秘地死去。

吐坦哈蒙墓的王座

经过了几年的细致搜寻，1922 年 11 月的一个早晨，卡特组织的考古小组终于发现了他们要寻找的这座陵墓。他们开启了在地下沉睡了几千年的吐坦哈蒙陵墓的墓门，并由此进入了世界第一宝藏。当卡特和为他的工作提供资金的卡纳冯勋爵进入陵墓时，他们看到了一个

中心人物

霍华德·卡特（1873～1939），英国著名考古学家。起初，没接受过多少正规教育的卡特成年后成为一名画匠。他的这一专长使他来到埃及，受雇于一家公司，专门绘制墓葬壁画。

后来他与在埃及的业余考古学家卡纳冯勋爵组建了一支考古队，在埃及帝王谷，寻找法老墓葬。终于在 1922 年 11 月 5 日，卡特发现了令后人震惊的吐坦哈蒙陵墓。

科学史上的伟大发现

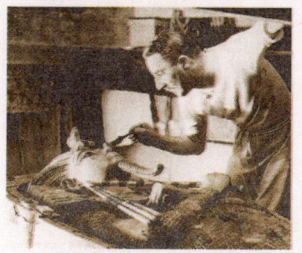

工作中的卡特

特别的景象。这座陵墓已被封3 000多年，从来未被盗墓贼发现过。陵墓内的每件物品都原封未动。其中有一个墓室装满了食品、家具和用于冥府的各种财物。考古小组由此发掘出文物3 600多件。

国王单独躺在一个墓室里。里面嵌套着三个黄金棺材，吐坦哈蒙的木乃伊就在最里面，内棺由纯金铸成，躺在棺内的吐坦哈蒙带着一副很大的金面具。这副面具和他本人的相貌几乎一模一样。这位年轻的法老看上去既悲伤又静穆，上面装饰着140块宝石。法老的木乃伊由薄薄的布裹缠着，浑身布满了项圈、护身符、戒指、金银手镯以及各种宝石。其中还有两把短剑，一把是金的，另一把是金柄铁刃的。其中还有两把短剑，一把是金的，另一把是金柄铁刃的。后一把极为罕见，因为埃及人那时候刚刚知道使用铁。尽管吐坦哈蒙不是古埃及历史上功绩最为卓著的法老，但他却是当今最为文明的埃及法老王，他的黄金面具已经成了埃及古老文明的象征。

吐坦哈蒙墓中的首饰盒

>> 更多介绍

吐坦哈蒙墓葬被开启的同时，卡特宠爱的金丝雀被一只蟒蛇吃掉。卡特的合作者卡纳冯勋爵1933年4月23日死于由蚊子叮咬而传染的不知名疾病。在墓葬发掘的十几年间，共有20多位与墓葬发掘有关的人因疾病甚至是精神错乱崩溃而死。到底这些蹊跷的死亡是否与法老王的诅咒有关，谁也不敢断言。

北京人

北京是我们远古祖先的故乡，也是人类的发源地之一。大约20万至70万年前，在北京房山周口店地区，就有原始人类在那里劳动、生息，这就是举世闻名的北京人。北京人化石的发现，为北京历史增添了光辉的一页。北京人骸骨化石个体数目之多，文化遗存之丰富，发掘记录之完整，在世界远古人类发展历史的研究上是绝无仅有的。这不仅是中国远古文化的瑰宝，也是世界文化遗产中的奇珍。

北京人骨骼化石是在北京市西南房山周口店的龙骨山发现的。根据考古学家贾兰坡的研究，周口店自宋代以来就出现"龙骨"，历代不断当药材出售，因此，这个地方被称为龙骨山。"龙骨"实际就是古生物和古人类的化石。清末以来，西方一些学者已经注意到对周口店"龙骨"的研究，民国初年开始了小规模挖掘。

1926年，奥地利古生物学家丹斯基，整理出周口店的两颗古人类牙齿，当年引起了国际学界的轰动。1927年，由美国洛克菲勒基金会资助的、发掘"人类材料"的考古工作在龙骨山正式开始。当年又发现了一枚人齿化石，加拿大人步达生，以这颗牙齿为证，为新发现的这种原始人类起了个拉丁文学名——"中国猿人北京种"，俗名"北京人"。步达生携带这颗牙齿周游世界，但结果令人失望，国际学术界普遍认为他无知大胆，用如此少的材料居然得出了重大的结论。

继续进行的发掘工作收获不大，到1929年，洛克

北京人的头盖骨

中心人物

裴文中（1904～1982），中国现代考古学家、古生物学家。他出生于一个清贫的教师之家，在父亲的熏陶下，自幼勤奋好学。裴文中1927年从北京大学地质系毕业，后留学法国，回国后担任中国地质调查所研究室研究员。多年来，他一直主持周口店的发掘工作，于1929年12月发现了著名的北京人头盖骨化石，为人类发展史提供了重要的证据。裴文中由此一举成名，在国际上曾先后被授予法国地质学会会员、英国皇家人类学会名誉会员、先史学与原史学国际会议名誉常务理事和国际第四联合会名誉会员等荣誉称号。

菲勒基金会的代表已经露出不再投资的想法，主持发掘的考古学家纷纷离去，只留下从北京大学地质系毕业不久的年轻助手裴文中继续负责挖掘工作。不久，裴文中也接到来自北京的立即停止工作的命令，但是他决定再做一次最后的尝试。这是一个有历史意义的决定，这个简单的决定将改变中国史前时代研究的命运。

12月2日，裴文中和一些考古学者来到北京西南48千米处的周口店，期望能够发现更多远古人类遗骨的化石。这一天，龙骨山上刚降过小雪，凛冽的寒风丝毫没有影响到考古学者们的热情。一切准备就绪，他们就用绳索把25岁的裴文中吊进深深的洞穴里，裴文中在洞内进行着艰苦的搜索，就在他即将离开洞穴的时候，他看到了洞口不远处一个黑黑的、圆圆的东西，这正是他们梦寐以求的目标——距今50万年的北京人的头盖骨。

以后陆陆续续挖掘，在周口店龙骨山共发现了23处遗址，其中以编号第一、第四、第十三、第十五的地点最重要，接连发现3个北京猿人的头骨、十几个下颌骨和一些腿骨、臂骨化石，并找到了大量的石器和用火的痕迹。尤其是第一个地点，发现的古物最有价值，有北京人完整的头盖骨、面骨、下颚骨、牙齿及残破的腿骨、胫骨、臂骨、锁骨、腕骨等共计100余件。

1935年北京人遗址发掘现场

北京人的尖状石器

周口店遗址博物馆

>> 更多介绍

1937年，由于日本发动侵华战争，发掘工作被迫中断。1949年以后，我国恢复了发掘工作，并在各次发掘中获取大量化石资料。至1966年共发现了大约代表40多个个体的北京人化石和10多万件的石器。经过专家的考证分析，北京猿人洞文化大致形成于距今约20万至70万年前，北京猿人则大约在距今46万年前开始居住于此。北京猿人洞是世界上发现的材料最丰富也是最系统的旧石器时代早期阶段的人类遗址。

兵马俑

1974 年，在陕西省临潼发现了被誉为"世界奇迹"的秦始皇兵马俑。这个让世人为之震撼、感叹的历史文化瑰宝，有着难以估量的价值。它所折射的历史层面既多又广，无论是建筑史、服饰史还是王陵制度史，都值得人们去探究。

威武壮观的兵马俑群

在秦始皇陵东面大约1.5千米的地方，有一个普通的小村庄——西杨村。西杨村南，原是一片柿林，这里墓冢累累，乱石堆积。1974年3月，该村村民杨志发、杨培彦等十几位在这不长庄稼的柿林之上开始了抗旱打井的工程。当他们挖到2米深时，发现了烧红的土块；3米深时，发现了陶俑的残断躯体；4～5米深时，发现了砖铺地面、铜镞、铜弩机，以及8个残破的陶俑。这次，他们停下了工程，立即向当地主管部门汇报。

第一位进入现场的文物考古专家赵康民一方面收集散失的文物，一方面作初步的清理。这时，新华社记者蔺安稳回到家乡临潼探亲，他将秦始皇陵发现大型陶俑的消息在《人民日报》内参上作了报道。

中央领导李先念同志看到报道材料，立即批示："建议请文物局与陕西省委一起，迅速采取措施，妥善保护好这一重点文物。"国家文物事业管理局随即派有关专家来现场视察。1974年7月19日，省文物局派出了秦俑考古队开赴发掘现场。随后，西北大学考古专业的师生也前来支援，秦始皇的这支"神秘军队"渐渐浮出了水面。

专业考古者们在 965 平方米的试掘坑内清理出与真人真马相仿的陶俑 500 余件，陶马 24 匹，木质战车 6 乘和大批青铜兵器、车马器。通过试掘和钻探，一号兵马俑坑总面积 14 260 平方米，内含陶俑、陶马约 6 000 件。1975 年 8 月，国务院决定在一号兵马俑坑遗址上建立展览大厅。

在展览大厅基建工程进行时，1976 年 4 月 23 日，在一号兵马俑坑的东端北侧，又发现了二号兵马俑坑。接着，同年 3 月 11 日在一号兵马俑坑的西端北侧，发现了三号兵马俑坑。

秦俑坑坐西向东，3 座坑呈品字形排列。3 座坑计有陶俑陶马 8 000 余件。自从一号坑开放以来，秦俑博物馆以接待国内外观众近 3 000 万，数十个国家的元首亲临参观，无不赞不绝口。法国前总理希拉克 1979 年来这里参观，称赞秦兵马俑是世界第八大奇迹，认为不看金字塔，不算真正到埃及；不看兵马俑，不算真正到中国。

迄今为止，兵马俑的部分遗址仍然有待发掘，也许不久以后会有更多的奇迹呈现在我们面前。

>> 更多介绍

秦始皇是中国历史上的第一个皇帝，他威风凛凛地将各自为政的六个诸侯国统一在了自己的政权下。尽管拥有强权，但秦始皇仍旧跟常人一样惧怕死亡。登上皇位后不久，他就开始规划自己的陵墓。随后他征集了 70 万工匠开始建造。他计划将自己的陵墓设在一个巨大的地坑里，由大约 60 万个与真人一样大小的兵马俑护卫着。秦始皇死后，兵马俑成了他的随葬品，在发现以前，它被人们忽略了两千多年。

兵马俑展厅

勾股定理

勾股定理在西方被称为毕达哥拉斯定理,相传是古希腊数学家兼哲学家毕达哥拉斯于公元前550年首先发现的。其实,我国古代就发现和应用了这一定理,远比毕达哥拉斯早得多。勾股定理是初等几何中最精彩的,也是最著名和最有用的定理,它在世界数学史上具有非常独特的地位,其中体现出来的"形数统一"的思想方法,在科学史上更具有创新的重大意义。

我国是世界上最早发现勾股定理的国家,但是我们的祖先率先发现这一几何宝藏并非一蹴而就的,而是经历了漫长的岁月,通过长期测量发现的,其间走过了一个由特殊到一般的艰辛过程。

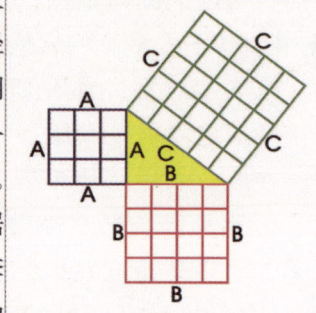

我国的几何起源很早。据考古发现,十万年前的河套人就已在骨器上刻有菱形的花纹;六七千年前的陶器上已有平行线、折线、三角形、长方形、菱形、圆等几何图形。随着生活和生产的需要,越来越多的几何问题摆在我们祖先面前。

四千年前,黄河流域经常洪水泛滥。大禹(公元前21世纪)率众治水,开山修渠,导水东流。在治水过程中,他"左准绳,右规矩"。(这里"规"就是圆规,"矩"就是曲尺,由长短两尺在端部相交成直角合成,短尺叫勾,长尺叫股),运用勾股测量术进行测量。在《周髀算经》中,表明大禹已经知道用长为3∶4∶5的边构成直角三角形。

到了商高(公元前1120年)所处时代,我国的测量技术及几何水平达到了一定高度。《周髀算经》中,记载着周公与商高的一段对话。商高说:"故折矩以为勾广三,股修四,径隅五。"这里的"勾广"就是勾长,

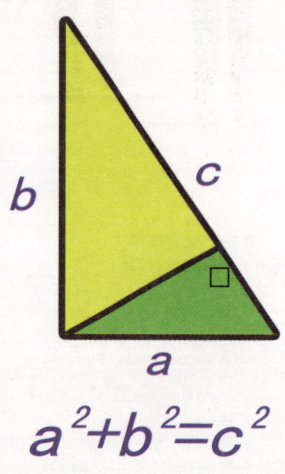

$a^2+b^2=c^2$

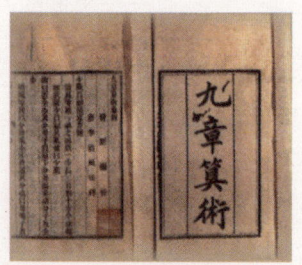

《九章算术》

中心人物

商高,又名殷高,殷末周初(大约是公元前12世纪左右)的数学家。关于他的生平,历史上的记载很少。商高是周公姬旦的朋友,姬旦称他"善数",常与之讨论数学。商高在数学方面的成就主要是勾股定理和测量术。尽管他的年代离我们十分遥远,但是他的科学创见却永远为后人纪念,因为他是世界上第一位被记载在史册上的数学家。

"股修"就是股长,"径隅"就是弦长。就是说,把一根直尺折成矩(直角),如果勾长为3,股长为4,那么尺的两端间的距离,即弦长必定是5。这表明,早在三千年前,我们的祖先就已经知道"勾三股四弦五"这一勾股定理的特例了。

在稍后一点的《九章算术》一书中,勾股定理得到了更加规范的一般性表达。书中的《勾股章》说:"把勾和股分别自乘,然后把它们的积加起来,再进行开方,便可以得到弦。"

从制作工具、测量土地山河到研究天文;从《周髀算经》到《九章算术》,我们的祖先逐渐积累经验,从而发现了勾股定理。为纪念祖先的伟大成就,我国将这个定理命名为勾股定理。

当代中国数学家吴文俊说:"在中国的传统数学中,数量关系与空间形式往往是形影不离地并肩发展着的……17世纪笛卡儿解析几何的发明,正是中国这种传统思想与方法在几百年停顿后的重现与继续。"

爱琴海东部萨摩斯岛上的毕达哥拉斯雕像

>> 更多介绍

中国古代的数学家们不仅很早就发现并应用了勾股定理,而且很早就开始尝试对勾股定理作理论性的证明。最早对勾股定理进行证明的是三国时期吴国的数学家赵爽。

赵爽创制了一幅"勾股圆方图",用形数结合得到的方法,给出了勾股定理的详细证明。这个证明可谓别具匠心,极富创新意识。他用几何图形的截、割、拼、补来证明代数式之间的恒等关系,既具严密性,又具直观性,为中国古代以形证数、形数统一、代数和几何紧密结合、互不可分的独特风格树立了一个典范。以后的数学家大多继承了这一风格并且不断发展。例如稍后一点的刘徽在证明勾股定理时也是用的以形证数的方法,只是具体图形的分合移补略有不同而已。

0 的发现

0 是一个关联着有无的重要数字，在数学中，它有着不可替代的作用。恩格斯曾说："零不只是一个非常确定的数，而且它本身比其他一切被它所限定的数都更重要，事实上，零比其他一切数都有更丰富的内容。"

零是位值制记数法的产物。很久以前，当人们采用这种记数法遇到空位的时候，就会采用不同的方式来表示它的存在。世界上较早采用位值制记数法的有巴比伦、玛雅、印度和中国等，这些地区和民族都对零的产生和发展作出过自己的贡献。

世界上最早采用十进制记数法的是中国人。"零"这个符号之所以会产生，最初其实也并不是为了表示"无"，而是为了弥补十进制值记数法中的缺位。从公元 7 世纪起，中国开始采取用"空"字来作为零的符号。但是，中国古代的零是圆圈〇，并不是现代常用的扁圆 0。现在普遍使用的包括"0"在内的印度—阿拉伯数码是在 13 世纪的时候由伊斯兰教徒从西方传入中国的，而那时中国的〇已经使用一百年了。

0 的发现使万物走出了模糊不清的"三"的藩篱。人类凭借 0，才真正触摸到了世界的无限性，触摸到了无穷无尽的万事为物一。使人类从几个有限的实数拓展到了实数的无限，或者说，从数的平面进入了数的空间。这是人类文明发展史上的一个重大转折。0 的发现使人类在数的空间以及与这空间相应的思维空间里站立了起来。0 作为一个实数，它使自身除外的所有实数都具备了无限的伸缩性；从 0 向前排列，可以得到数的无限递增，从 0 向后（小数点）排列。可以得到数的无限递

中心人物

斐波那契（约 1170～1250），意大利数学家，12 至 13 世纪欧洲数学界的代表人物。他曾到埃及、叙利亚、希腊、西西里、法国等地游历，熟悉了不同国度在商业上的算术体系。他将 0 在内的印度—阿拉伯数字传入欧洲，为数学的发展作出了贡献。

减。当然，0毋庸置疑是虚无的。因为它无法离开实数成为一种独立的实在。但是，0的无限性，或者说空间性恰恰也就在于它的虚无性上。

希腊的托勒密是最早采用这种扁圆0号的人，由于古希腊数字是没有位值制的，因此零并不是十分迫切的需要，然而当时用于角度上的60进位制时，则很明确地以扁圆0号表示空位。可是，托勒密的0并没有作为数参加运算，也没有单独使用的情况。

最先把零作为一个数参加运算的是印度人。他们在很早的时候就采用了十进位值计数法。空位最开始是用空格表示的，后来为了避免看不清带来的麻烦，就在空格上加一小点，如用5·8表示508。公元876年，在印度的瓜廖尔地方发现了一块石碑，上面的数字和现代的数字很相似，这可能是由小点发展为小圈0表示零的最早根据。

印度人承认零是一个数并用它参加运算可以说是对零的发现的更为重要的贡献。

后来，历经了漫长的岁月，印度数字传入了阿拉伯，并发展成为现今我们所用的印度—阿拉伯数字。但直到1202年，意大利数学家斐波那契把这种数字（包括0）传入欧洲，现代的零的概念和印度—阿拉伯数字中的零号才逐渐流行于全世界。

>> 更多介绍

说起零的由来，还有一段令人气愤的故事。大约在公元7世纪，一位罗马学者从印度记数法中发现了"0"这个符号，他十分高兴，逢人就说这是个好办法，并把印度人使用零的方法作了介绍。不久，事情被罗马教皇知道了，教皇大发雷霆说，神奇的数是上帝创造的，在上帝造的数中没有"0"这个异物，谁敢将它引进来玷污上帝！于是传旨把这位学者抓了去，对他施行了用刑具夹手指的残酷刑罚。

黄金分割

黄金分割被喻为是人类在数学上最伟大的发现之一。古往今来，0.618这个数字一直被后人奉为科学和美学的金科玉律。如今，黄金分割定律已广泛应用于日常生活，渗透到社会的各个角落，影响着人类生活的方方面面。

古希腊的毕达哥拉斯和他的学派在数学上有很多创造，著名的黄金分割就是他在公元前6世纪发现的。

一天，毕达哥拉斯从一家铁匠铺路过，被铺子中那有节奏的叮叮当当的打铁声所吸引，便站在那里仔细聆听，似乎这声音中隐匿着什么秘密。他走进作坊，拿出尺子量了一下铁锤和铁砧的尺寸，发现它们之间存在着一种十分和谐的关系。

巴黎圣母院的建筑比例十分接近黄金分割

维纳斯雕像以腰部为分割点形成的近似黄金分割的造型给人以完美的感受

回到家里，毕达哥拉斯拿出一根线，想将它分为两段。怎样分才最好呢？经过反复比较，他最后确定按照1∶0.618的比例截断最优美。

后来，德国的美学家泽辛把这一比例称为黄金分割律。这个规律的意思其实是一个数字的比例关系，即把

中心人物

毕达哥拉斯（约公元前580～前501），古希腊著名的数学家、哲学家。

年轻时，他曾到巴比伦和埃及去游学。回国后，他创建了自己的学派。在古希腊早期的数学家中，他的影响最大：毕达哥拉斯定理（勾股定理）、黄金分割等都是他对后世影响极大的杰作。

一条线分为两部分，此时长段与短段之比恰恰等于整条线与长段之比，其数值比为 1.618：1 或 1：0.618，也就是说长段的平方等于全长与短段的乘积。0.618，以严格的比例性、艺术性、和谐性，蕴藏着丰富的美学价值。为什么人们对这样的比例，会本能地感到美的存在？其实这与人类的演化和人体正常发育密切相关。据研究，从猿到人的进化过程中，骨骼方面以头骨和腿骨变化最大，躯体外形由于近似黄金而矩形变化最小，人体结构中有许多比例关系接近 0.618，从而使人体美在几十万年的历史积淀中固定下来。人类最熟悉自己，势必将人体美作为最高的审美标准，由物及人，由人及物，推而广之，凡是与人体相似的物体就喜欢它，就觉得美。于是黄金分割律作为一种重要形式美法则，成为世代相传的审美经典规律，至今不衰！

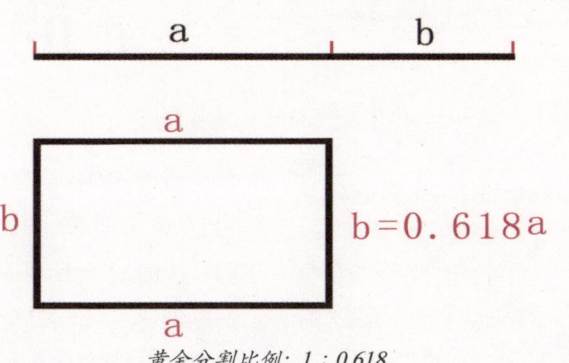

黄金分割比例：1：0.618

>> 更多介绍

黄金分割数有许多有趣的性质，它的实际应用也很广泛。人类"先快后慢"的记忆遗忘规律，与黄金分割自然数"先小后大"的排列间隔规律有着神奇天然的联系。经过大量的科学实验表明，人类记忆遗忘曲线与黄金分割自然数递增曲线十分接近倒数关系，人们据此创造了最大限度保持记忆的"黄金分割记忆法"。

π 的精确历程

> 自从人类偶然发现圆周比直径跟圆的大小无关,而是一个普遍的常数时,就开始踏上追寻圆周率π的旅程。因为π相当有深度与内涵,所以每一代的数学家都受到它的吸引,在这个漫长而伟大的知识探险之旅上大显身手。曾几何时,π值的精确度在数学史上代表了一个国家的数学水平。

在实践中,人们发现用古代流传下来的圆周率为3的标准去计算圆的周长和面积,其值总会比实际小,所以,不断有人尝试去修正和精确圆周率π的具体数值。

古人求π的方法,就是对单位圆作内接(或外切)正多边形,再求算正多边形的面积。显然,当边数越多时,正多边形就越接近于圆,所求得π的近似值就越精确。不过,计算量越来越大,也越来越困难,每次只是增加小数点后精确的位数而已。π究竟等于多少?没有人知道!

古埃及人用来演算π值的草纸

公元前 250 年,阿基米德在求圆弧长度时,提出圆内接多边形和相似圆外切多边形,当边数足够大时,两多边形的周长便一个由上,一个由下地趋近于圆周长。他先用六边形,以后逐次加倍边数,到了九十六边形时,求出了π的估计值介于 3.141 63 和 3.142 86 之间。这是世界上第一次提出圆周率的科学计算方法。到公元前 5 世纪,希腊已将圆周率精确到 3.141 6,这在世界上是领先的。

在求π值的精确度上,中国人曾一度领先世界,创造辉煌。我国最早对π进行修正是在公元 1~5 年,汉

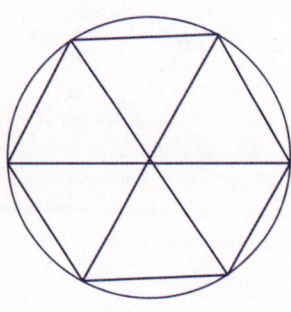

圆周率的计算

中心人物

祖冲之(公元 429~500),南北朝时代南朝宋齐之间的一位杰出的科学家。他不仅精通数学,同时还通晓天文历法、机械制造、音乐和文学。除了精确π值,让中国数学独领风骚一千年以外,祖冲之的成就还有注解中国历史上的名著《九章算术》、重造指南车、改进水碓磨、创制"千里船",等等。

代王莽时期的刘歆得到的圆周率是 3.154 66，这个圆周率虽然不够精确，但这确是突破古人限制的一个勇敢尝试。

公元 263 年，魏晋时期的数学家刘徽在《九章算术注》中，首创用"割圆术"去求圆周率。即通过不断倍增圆内接正多边形的边数来求圆的周长。他从计算正六边形开始，一直算到正 192 边形，计算出的圆周率在 3.141 024 至 3.142 704 之间。这个精确度虽然只是 3.14，但由刘徽开创的"割圆术"以及在此过程中创立的"无限逼近"的思维方法，都让他受到世人的赞誉。

我国南北朝时期的著名数学家祖冲之也对圆周率进行了深入的研究，他将圆周率精确到了小数点后七位，推出 $3.141\,592\,6 < \pi < 3.141\,592\,7$。这个由祖冲之创造的世界级的精确度在当时是非常了不起的一个成就，它保持了一千年之久，直到 15 世纪才由中亚的阿尔·卡希打破，他得到了精确到小数点后 16 位的 π 值。

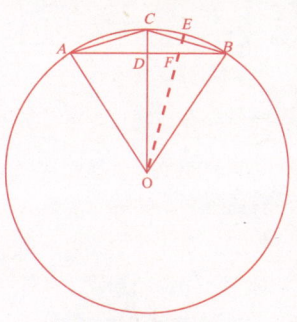

刘徽的割圆术图

>> 更多介绍

在祖冲之之后的许多数学家，也对圆周率进行过计算，虽然都不如他计算出的结果精确，但是对 π 的探求一直未曾间断过。17 世纪，瓦里斯给出了圆周率的极限形式。到 1853 年，番克斯计算的 π 值精确度已经达到小数 607 位。电子计算机问世后，π 的计算工作有了更大的进展。如今已经有人计算到上亿位，甚至是 10 亿位了。

算盘

浮力定律

科学史上的伟大发现

石头掉进水里，很快就沉入水底；一片树叶落在池塘里，则在水面上漂来漂去。也许有人会说这是石头比树叶重的缘故。那么，用比石头重的钢铁做成的军舰，为什么不会沉呢？其实，树叶也好，石头、军舰也好，它们在落水的时候都遵守同一条规律——浮力定律。浮力定律的发现与运用，是人类认识自然、驾驭自然的一大进步，它使人类对自然界中的流体的应用，从被动的、无意识的状态变成主动的、有目的的运用，以造福人类。

浮力定律现在又称阿基米德定律，这一定律的发现和一个传说故事有关。有一次，大学者阿基米德在众目睽睽之下光着身子从澡堂里飞奔而出，欢呼雀跃，周围的人都不知究竟发生了什么事使他忘乎所以。

原来，国王命令金银匠做了一顶纯金的王冠。新王冠做得很精巧，国王也很高兴。可是国王并不信任工匠，为了检验工匠是否在黄金中掺进了廉价的金属，国王决定让阿基米德在不损坏王冠的情况下辨别出皇冠的质地。

接到任务，阿基米德好几天都想不出什么好主意，他废寝忘食，近乎痴迷。好心的朋友劝他去洗个澡，放松放松。当他坐到满满一盆水里去时，从盆边溢出去的水引起了他的注意，他脑子里灵光一闪，猛地从澡盆里跳出，来不及穿上衣服就狂奔回家。

他在家里做好了试验，来到国王面前，把盛满水的一个大盆放在一只大盘子里，又叫国王拿出一块与皇冠同重的0.75千克的黄金和两只大小一样的杯子。然后，阿基米德将王冠放在盆子里，水溢出来后将溢出的水都装进一只杯子里。然后用同样的方法把0.75千克黄金溢出来的水装进另一只杯子里。最后他拿着两只杯子走到国王面前，说道："陛下，请您比较一下，这两只杯子里的水一样多吗？"

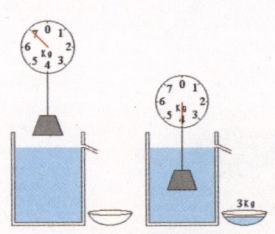

国王一眼就看到一只多一只少。于是阿基米德肯定地说："王冠里一定掺了银或者其他的金属，它不是纯

中心人物

阿基米德（公元前287～前212），古希腊伟大的数学家、力学家。学生时代，他以钻研几何习题和各种科学问题为最大乐趣。后来，阿基米德又到埃及的亚历山大学习了一个时期，他很快以自己的学识闻名全希腊。阿基米德把一生都献给了科学，他把数学推理和科学实验结合在一起，不仅发现了浮力定律，还完善了杠杆原理。他发明的许多作战机械将敌人阻挡在城外达数年之久。

金的。"

原来，阿基米德利用了物质的密度、体积和重量的相互关系，同一物质的密度是固定的，即重量与体积之比是一个确定的数。这样，如果王冠是纯金的，它所排出的水应该与 0.75 千克纯金所排出的水的体积一样，如果不一样，那么王冠里肯定掺了其他金属。

阿基米德辨别王冠的故事仅是一个传说，但他研究物体所受浮力的规律并发现了浮力定律却是千真万确的。他把密度不同的物体放入水中发现：密度和水相同的物体完全浸入水中，但不会沉入水底；密度大于水的物体一直下沉至容器底部；密度小于水的物体总是浮在水面上。阿基米德分别采用了密度不同的物体——木块、蜡块、石块、铁块、铜块、金块等放入水中反复做试验，所得的结果是完全一致的：它们的重量都和所排开的水的重量相等。

阿基米德螺旋示意图

阿基米德从澡盆溢出的水得到了启示

阿基米德意识到这是一个普遍规律。于是，他把研究结果写进《论浮力》的著作中。在书中，他明确地表述了浮力定律，并用严密的逻辑推理对浮力定律进行了证明。他指出：浸在液体中的物体受到向上的浮力，浮力的大小等于它所排开液体的重量。这就是著名的浮力定律。为纪念这位伟大的科学家，人们把浮力定律命名为阿基米德定律。

>> 更多介绍

浮力定律不仅适用于液体，而且适用于气体。根据气体的浮力定律，人类制造出气球和飞艇。气球能够用于大气观测，测量高空中的风速、温度、气压及湿度等。同时科学家还用气球研究高空中大气的性质。飞艇被广泛应用于空中运输、吊运货物、抢险救灾等许多领域。

Great discovery in Science history

科学史上的伟大发现

单摆等时性

多少世纪以来,时间测量始终是摆在人类面前的一个难题。当时的计时装置诸如日规、沙漏等均不能在原理上保持精确。直到伽利略发现了摆的等时性,惠更斯将摆运用于计时器,人类才进入一个新的计时时代。

伽利略是一位虔诚的天主教徒,每周都坚持到教堂做礼拜。1582年的一天,教堂里一个被修理工无意碰到而摆动起来的大吊灯引起了伽利略的注意。他的脑海里突然闪出测量吊灯摆动时间的念头。凭着自己学医的经验,伽利略以脉搏计时,同时数着吊灯的摆动次数。

起初,吊灯摆动速度较大,过了一阵子,吊灯摆动的幅度变小了,摆动速度也变慢了,直到停止了摆动。令伽利略惊奇的是每次测量的结果都表明来回摆动一次需要相同的时间。通过这些测量伽利略发现:吊灯来回摆动一次需要的时间与摆动幅度的大小无关,无论摆幅大小如何,来回摆动一次所需时间是相同的。即吊灯的摆动具有等时性,这就是伽利略最初的发现。

伽利略的试验并没有就此结束,回到房间后,他到

伽利略的摆钟模型

1852年,伽利略受到比萨城大教堂里吊灯摆动的启发,发现了单摆的摆动周期与摆球的质量无关这一规律。

中心人物

伽利略·伽利莱(1564~1642),意大利伟大的物理学家和天文学家,科学革命的先驱。历史上他首先在科学实验的基础上融会贯通了数学、物理学和天文学三门知识,扩大、加深并改变了人类对物质运动和宇宙的认识,被称为"近代科学之父"。他的工作,为牛顿的理论体系的建立奠定了基础。

处寻找试验所需要的东西。他找来丝线、细绳、大小不同的木球、铁球、石块，用细绳的一端系上小球，将另一端系在天花板上。这样，一个单摆就做成了。用这套装置，伽利略继续测量摆的摆动周期。试验证明，无论用铜球、铁球，还是木球，只要摆长不变，单摆来回摆动一次所用时间就相同。这表明单摆的摆动周期与摆球的质量无关。

为了找出决定摆动周期的因素，伽利略继续从试验中寻找答案。多次试验之后，伽利略发现利用不同的摆长，可以十分简便地得到不同的摆动周期。由此可见，摆的长度是影响摆动周期的唯一因素。在实验基础上通过严密的逻辑推理，伽利略证明了单摆周期与摆长的平方根成正比，与重力加速度的平方根成反比。

但让伽利略沮丧的是，他始终无法对自己发现的这一奇妙规律给出一个明确合理的解释。直到100多年后，当牛顿发现地心引力时，这个规律才有了圆满的解释。

但是伽利略很快就发现可以利用摆来制造一台精确的时钟，而这个建议也一直未被采纳。直到1656年第一架摆钟出现以前，人们仍然经常为短时间计时而感到困难，不得不用脉搏或水滴来粗略地计时。

惠更斯设计的摆钟

>> **更多介绍**

单摆的等时性有许多重要应用。譬如，由于地球上不同地区的纬度和海拔高度不同，各地的重力加速度就有差异。用标准长度的单摆，测出它在某地的摆动周期，就能够求出该地区的重力加速度。

1656年，荷兰物理学家惠更斯进一步确证了单摆振动的等时性，并把它用于计时器上，制成了世界上第一架计时摆钟。这架摆钟由大小、形状各不相同的一些齿轮组成，利用重锤作单摆的摆锤，由于摆锤可以调节，计时就比较准确。

在他随后出版的《摆钟论》一书中，惠更斯详细地介绍了制作有摆自鸣钟的工艺，还分析了钟摆的摆动过程及特性，首次引进了"摆动中心"的概念。

伽利略的出生地——比萨

自由落体定律

自由落体定律不仅揭示了物体下落运动的客观规律，而且为人类认识自然找到了一条正确的途径和方法，正是由于伽利略创立的实验事实与理性思维相结合的科学方法，物理学研究才走上了一条正确的道路。

亚里士多德认为物体自身重量越重，下落的倾向就越大，下落的速度也就越快；物体越轻，下落的倾向就越小，下落的速度也就越慢。因此，亚里士多德得出了一个结论：物体下落的快慢和它的重量是成正比的。

在我们今天看来，亚里士多德的论断是错误的。然而在古代，亚里士多德有很高的声望，他所说的话没有一个人敢怀疑。所以在将近两千年的漫长岁月里，人们一直把亚里士多德的论断当作真理。直至16世纪，这个论断才被伽利略推翻。

伽利略首先进行了逻辑推理，从推理中发现物体下落的快慢和它的重量无关。伽利略设想，如果亚里士多德的观点是正确的，轻重不同的两个物体下落时，重的物体下落快，轻的物体下落慢。可是，如果将它们绑在一起同时下落会出现什么情形呢？按照亚里士多德的观点，绑在一起后的物体会比原来重的物体更重，所以它们就比重的物体下落得快。可如果从另一个方面分析，重的物体要带动轻的物体运动，它们应该比重的物体下降得慢一些。这两个结论很显然是矛盾的。由此伽利略得出结论：物体下落的快慢与重量无关，所有物体下落的快慢都是相同的。

伽利略又继续研究物体下落的距离和所用时间的关系。可是又遇到了难题，因为在那个时代是没有钟的。为了计算时间，伽利略在一个大的盛水桶底部钻一个小孔，并安上龙头，在龙头下面放上接水容器。打开龙头，水就会流入接水容器，称量容器中所接

1590年，伽利略在比萨斜塔展示了自由落体运动实验，从而推翻了亚里士多德关于物体的降落速度与物体重量成正比的说法。

科学史上的**伟大发现**
Great discovery in Science history

伽利略的斜面实验示意图

水的质量就可以确定经历的时间。

物体下落时，运动的速度很快，经历的时间也极短。用这种粗糙的装置测量精确的时间显然是办不到的。伽利略仔细观察小球在斜面上的运动，发现斜面越陡，小球运动得越快。于是伽利略把小球的下落运动看成是小球斜面运动的一种特殊情况。因此伽利略就开始用斜面做实验来研究物体下落的规律。

当斜面的倾斜度很小时，他就能比较准确地计算时间了。伽利略反复进行斜面实验，测量出小球在斜面上运动的距离和所用时间，通过推导距离、时间、速率和加速度之间的关系，得出了小球沿斜面滚下或自由下落的运动都是匀加速运动的结论，又进一步发现了物体下落运动的规律——自由落体定律，即物体从静止状态开始下落，物体运动的距离同下落时间的平方成正比。

伽利略受审

物体下落的快慢与重量无关，所有物体下落快慢都是相同的。

>> **更多介绍**

在物理学方面，亚里士多德最重要的贡献是创造了这门学科的名称；对物理学的发展来说，亚里士多德初步提出以物质运动、时间和空间与周围物体的关系、物质本身为研究对象，来形成一门独立的自然学科。他重视对身边事物的具体观察，强调思维逻辑的作用，首先引用数学方法来考察具体物理定律等。但他在理论和方法上也存在重大缺陷，造成了被教会加以神圣化的条件，成为之后物理学发展的严重障碍。当伽利略纠正了亚里士多德的错误，把物理学建立在观察与实验的基础上之后，物理学在欧洲社会生产力蓬勃发展的条件下得到了迅速的发展。

35

科学史上的伟大发现

大气压

> **我**们所居住的地球被一层厚厚的大气包围着，但是在意大利物理学家托里拆利的实验公布之前，那时的人们谁也不知道大气还有压力。大气压的发现对科学技术的发展和社会生活的进步都有着十分重要的意义。除此之外，日常生活中大气压也有广泛应用，例如用吸尘器打扫卫生，就是大气压将灰尘压入吸尘器；用吸管喝饮料和牛奶时，也是大气压将它们压入口中；给水笔吸墨水时，还是大气压将墨水压入笔管……

公元 17 世纪，欧洲的一些矿井里已经使用活塞式抽水机抽出矿井里的积水。按照亚里士多德"自然界厌恶真空"的原理，当抽水机活塞提上来时，水就跟上来赶走活塞下面的真空，抽水时水被提上来的高度应是无限的。但在实践中人们却发现，在超过 10 米深的井里，抽水机无论如何也不能将水抽上来。人们向著名科学家伽利略请教，伽利略认真思考后说真空是有阻力的，抽水机中水柱的高度正好是这个阻力的量度，但这个结论仅仅停留在猜想的层次。当时，伽利略已经双目失明，无法亲自验证，只好把工作交给他的学生托里拆利来完成。

伽利略去世不久，托里拆利就开始研究抽水机为什么不能从超过 10 米深的井里把水抽上来的问题。他相信老师的猜想是正确的。1643 年，托里拆利和伽利略的另一个学生维维安尼做了一个实验。他们给长 122 厘米、一端封闭的玻璃管里充满水银，用手堵住管口将其倒转过来放入水银槽中，松开手后管中水银下降了一

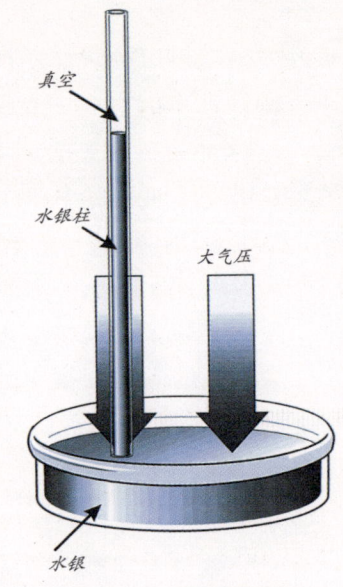

托里拆利实验示意图

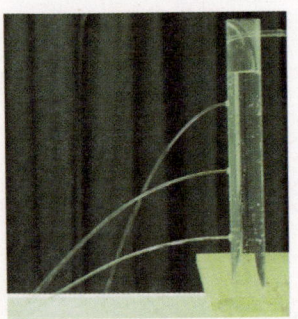

托里拆利实验

中心人物

托里拆利（1608～1642），17 世纪意大利物理学家。年轻时曾受教于伽利略的得意门生卡斯特里。在卡斯特里的推荐下，他于 1641 年来到伽利略身边工作，直到伽利略去世为止。托里拆利在物理学中的主要贡献是设计了托里拆利实验，证明真空的存在，发现了大气压强；发明了水银柱式气压计。此外，在数学方面，他写了不少有价值的数学论文，对摆线、对数曲线等进行了深入的研究。

段，当水银柱静止时测量它的高度是76厘米。他们把玻璃管向不同方向倾斜，但无论怎样水银柱的高度始终保持76厘米。这时候托里拆利给水银槽上部注满水，然后把玻璃管徐徐提起。当管口一离开水银的时候，管内水银就全部流了出来，然后水进入管内充满了整个管子。托里拆利由此断定，玻璃管中水银柱上端的那段空隙是真正的真空，否则水就不会充满整个管子。

经过进一步分析，托里拆利得出结论：空气压迫水银槽液面是产生这一现象的根源，由于玻璃管上端形成了真空。所以空气的压力就把水银压入玻璃管中，水银柱产生的压力正好等于空气的压力，这个压力就是大气压。通过这些实验，托里拆利不但获得了真空，而且发现了大气压。为了纪念他所作出的这一贡献，后人把托里拆利实验中，水银柱以上的真空空间叫"托里拆利真空"。

大气压的发现不仅促进了流体静力学的研究，而且促使人们研究空气的弹性，发现了气体的实验定律，推动了物理学理论向前发展。

托里拆利的水银柱式气压计

托里拆利实验

>> 更多介绍

大气压存在的理论刚被提出来时，很多人对这一事实感到不可理解。为了显示出大气产生的巨大压力，1654年德国马德堡市的市长格里克公开向马德堡市市民演示了一个实验。他用两个直径约0.36米的铜制半球，涂上油脂对接上，再把球内抽成真空，让两个马队分别拉一个半球。开始用了4匹马，不论马夫如何驱赶马匹，半球都纹丝不动。马匹的数目逐渐增加，观众的热情也越来越高涨。最后，直到用上了16匹马才将两个半球拉开。实验显示的大气压的威力，使在场所有观众都为之折服。从此，再也没有人对大气压的存在表示置疑了。

帕斯卡定律

科学史上的伟大发现

日常生活中我们经常会见到汽车司机用一只小巧的千斤顶轻而易举地将一辆汽车抬起来,要明白其中的奥妙就必须了解帕斯卡定律。帕斯卡定律不仅具有实用价值,而且有重要的理论意义,它是流体遵从的基本规律之一。帕斯卡定律的发现奠定了流体力学的基础,极大地推动流体力学研究向前发展。

帕斯卡在对托里拆利大气压实验的研究过程中,受其启示产生了新发现。他注意到气体、液体同属流体,于是他从流体的角度看待托里拆利实验,开始研究液体的压强。

为此,他专门制作了一个适用于测量液体压强的压强计。这个压强计有一根橡皮管,一端接压强计,另一端接扎有橡皮膜的金属盒,把金属盒放入液体中便可以测量液体内部的压强。各种实验证明水越深,压强就越大。更让他惊喜的发现是:在同一深度,水向各个方向的压强相等。帕斯卡又把水换成多种不同液体反复实验,得到的结论完全相同。在实验事实的基础上帕斯卡进一步发现:液体内部的压强由液体的重力产生。压强的大小仅仅由液体的性质和深度决定,与液体重量和体积无关。由此推论:重量和体积较小的液体也能够产生较大的压强。但许多人都对此结论表示怀疑。

因而,在1648年帕斯卡进行了一次公开实验表演。他将一个木桶装满水用盖子封住,在桶盖上面竖一根细长的管子并把它插入桶中,然后让人站在高处给细管灌水。结果只用了几杯水,木桶就被压裂了。在场的人大为震惊,此后再也没有人怀疑帕斯卡的理论了。

之后,帕斯卡又开始了对液体中的压强传递方式的新探索,他在一个充满水的容器上竖直安装两根粗细不

中心人物

帕斯卡(1623~1662),法国数学家、物理学家和哲学家。他对连续不可分量、微分三角形、面积和重心等问题的深入研究,对微积分学的建立起到了积极的作用。此外,帕斯卡还创立了概率论,并深入研究了二项展开式的系数规律以及算术三角形的构造及其许多有趣的性质。在物理学方面,他用水银器测量大气的压力,提出了"帕斯卡定律"。他所著的《思想录》和《致乡人书》对法国散文的发展产生了重要的影响。

同的圆筒，筒里装上活塞。两个活塞放相同重量的物体时，帕斯卡发现小活塞向下运动，大活塞向上运动。要使活塞静止不动，就必须给大活塞上多放一些物体。帕斯卡反复实验，并且把实验数据作了详细的记录。

帕斯卡在对实验数据进行大量的数学运算后终于发现：当活塞静止时两个活塞上的重量与面积的比值是相等的，这个比值正好等于液体对容器任何一部分单位面积上施加的压力。

1648年，法国巴黎卢森堡公园，期待帕斯卡关于水的压强实验的人们。

1653年，帕斯卡在《论液体平衡》的论文中明确指出：加在密闭容器上的压强，能够大小不变地被液体向各个方向传递。这就是著名的帕斯卡定律。可惜这一重大发现并没有得到及时的运用，这篇论文直到帕斯卡死后才被发表出来，这不得不说是科学界和人类社会的一个遗憾和损失。

用手按压小活塞，根据帕斯卡定律，产生的力的大小是由活塞的比例决定的，这时虽然左右两个液体柱的压强相等，但是大活塞的液体柱横截面积较大，所以能产生较大的支撑力。

>> 更多介绍

帕斯卡定律的发现，为人类制造"液体杠杆"奠定了坚实的理论基础。后人在研究帕斯卡的论文时发现帕斯卡还曾根据这个定律提出建造"液压机"的设想，这是世界上最早的"液体杠杆"。帕斯卡作出预言：人类必定能够制造出一种新的机械，它可以把一个力增加到我们所选择的任何程度。他的预言在今天早已变成了现实。

自从"液体杠杆"诞生以来，随着科学技术的不断发展，为了满足生产的需要，现在已经制造出种类繁多、各式各样的液压机。液压机械在日常生活、工农业生产和科学研究等领域发挥着重大作用，是人类一刻也离不开的机械装置。

光色散

光色散现象的发现是17世纪的事情，这在当时并没有什么特殊的意义，但却开创了现代物理学的重要领域——光谱学研究的先河。现在的科学家将光谱拍成照片，测量光的波长，对燃烧着的物质进行分析，等等。通过光谱认识到反映物质微观世界的分子、原子的内部情况，而且还发现了以前根本不知道的新元素。现在光谱学已经发展成为一门内容丰富的学科，它的应用也遍及现代科学的所有领域。因此，牛顿对于光学方面所作的贡献是不可磨灭的。

1665年英国正在闹瘟疫，为了减少感染，剑桥大学暂时放假了。牛顿回到了自己的家乡。他虽然也去田里干活，但更多的精力还是用于科学研究。他在上大学的时候，就非常喜欢做物理实验，接触到许多的光学仪器。当时的光学仪器存在许多的缺陷，这些问题却被牛顿牢牢记在了心里。那个时代的光学仪器非常原始，无非是一些平面镜、凹、凸透镜及三棱镜等元件，因而牛顿在家里就能够方便地开展自己的工作。

一天，牛顿拿出一块玻璃三棱镜准备做实验，一束阳光射了进来。细心的牛顿发现地面上呈现出红、黄、青、紫等各种颜色的光，而且排成了鲜艳彩带。牛顿以前曾多次使用过三棱镜，都没有发现这个现象。

牛顿开始对这一现象进行认真的研究。他用支架把三棱镜安放好，接着拿出两张硬纸板。在一张纸板上刻出一条缝放在棱镜前面，将另一张放在棱镜后面作光屏。当一束阳光穿过窄缝射到棱镜上时，在进入棱镜的一面发生一次折射，从棱镜的另一面射出时又发生一次折射。经过两次折射后，光线的方向变了，在后面的屏上形成一条由红、橙、黄、绿、蓝、青、紫七种颜色排开的彩色光带。难道白色的阳光是由这七种颜色的光组成的吗？牛顿开始查找资料，很快便发现

白光通过三棱镜后分解成了七色光

了对这一现象的解释：白色的光通过三棱镜后之所以变成依次排列的各色光，并不是白光有复杂成分，而是白光与棱镜相互作用的结果。

牛顿开始考虑这个问题的真实性。如果白光通过棱镜后变成七种颜色的光是由于白光与棱镜的相互作用，那么这些颜色的光经过第二个棱镜时必然会再次改变颜色。

他根据自己的想法继续做实验。牛顿先在棱镜后面竖放一张开有小孔的屏，这样转动前面的棱镜，就可以使不同颜色的光单独地穿过小孔。在屏的后面再放一块三棱镜，就能观察到这些单色光通过第二块棱镜后颜色是否会改变。但实验的结果表明，这些单色光经过第二块棱镜后没有再分解，颜色也没有变化，看来别人的解释并不正确。紧接着牛顿又想，既然一块棱镜能把白光分解成七种颜色的光，那么用另一块棱镜就可能使这些彩色的光复原为白光。于是他又在第一块棱镜后倒放了一块顶角较大的棱镜，果然实验成功了，七种颜色的光带又变成白光。

这些成功的实验使牛顿认识到白色的阳光的确具有复杂的成分，它由七种不同颜色的光组成。三棱镜之所以能把它们分开，是因为各种单色光相对于棱镜有不同的折射率。后来这些实验被称为著名的"光的色散实验"。

再通过另一块棱镜后，重新复原为白光。

>> 更多介绍

在牛顿进行光的色散实验之前，光学长期停留在几何光学阶段，人们对光的折射等特性已经了如指掌，光学似乎已经发展到了巅峰。牛顿的这个实验是一项了不起的科学成就，它不仅将人们用来把玩的棱镜变成了一件了不起的科学仪器，而且还率先开创了一个全新的理论，将光学引入了一个新的发展时代——物理光学时代，为光学的发展作出了不可磨灭的贡献。

17世纪，科学家们发现了光的折射定律：光在两种介质中传播，对于给定的界面来说，入射角的正弦和折射角的正弦总是相互保持同一比例。折射定律的发现使几何光学达到了顶峰，而牛顿的色散实验宣告了物理光学的诞生。

雨后，天空中美丽的彩虹就是悬浮于空中的小水滴将太阳光分散了的结果。

惯性定律

惯性定律也叫牛顿第一定律，它的建立具有深刻的哲学意义。它告诉人们惯性是所有物体具有的本性，打破了地上运动和宇宙空间运动的人为界限，统一了宏观与微观的运动，并提出了处理任何运动的单一模式。惯性定律是第二、第三定律的基础，它的发现为经典力学体系奠定了坚实的基础。人们掌握了惯性定律，就可以利用它为生产生活服务。

历史上三位科学家都对惯性定律的发现作出了不可磨灭的贡献。第一位是古希腊最伟大的思想家、哲学家和科学家亚里士多德。他主张从经验出发研究事物，十分重视通过观察总结事物的规律。对于物体运动规律，他从马拉车车就运动，马停止拉车车就不再动的现象出发，总结出物体运动必须有一个力来维持的理论。他的理论在16世纪之前一直占统治地位，直到16世纪末期，意大利物理学家伽利略对此学说发起了挑战。

牛顿

伽利略的高明之处在于把观察、实验、理性思维和数学结合在一起探讨物理问题，寻找物理学运动规律。为了寻找物体运动的规律，伽利略设计了一个斜面实验。

伽利略将两个光滑斜面相连，然后让球从一个斜面上以一定的高度滚下。他发现，无论如何改变另一斜面的坡度，小球都会不管实际路程的长短，而沿着斜面上

亚里士多德

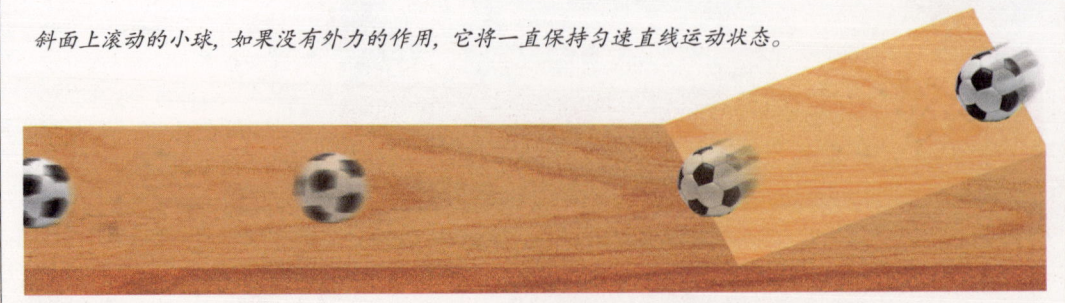

斜面上滚动的小球，如果没有外力的作用，它将一直保持匀速直线运动状态。

升到与下落等高的地方。在此基础上，天才的伽利略对此作出了天才的设想：若第二个斜面是无限延伸而绝无摩擦的水平面，则小球将会永远向前运动。他进一步推理得出结论：物体运动并不需要力来维持。最终，他把这个发现概括为"只要除去使物体加速和减速的外部原因，运动物体必将严格地保持它一旦获得的速度"。

尽管历史上已有许多人对惯性运动作了种种描述或设想，但像伽利略这样经过严格的推理而得出明确的结论还是第一次。伽利略这一发现在惯性定律的建立上取得了突破性的进展，但是，伽利略所指的水平面实际上是以地球为中心的球面，而不是空间的一条直线。这个认识还是不完全的，最终的惯性定律是由牛顿完成和精确的。

根据伽利略抛物运动理论，牛顿设想：在地球上发射物体，只要初速度大到一定程度，那么被抛出去的物体就可以不接触地球而在空中飞翔，能够在空中划出与地球同心的圆形或椭圆形的轨道。

1687年，英国伟大的数学家和物理学家伊萨克·牛顿在总结前人工作的基础上，写了名为《自然哲学的数学原理》的光辉著作，建立了经典力学体系。作为经典力学的坚实基础，惯性定律在100年后被继承和完善了，他提出了著名的三大运动定律，促进了近代科学研究的发展。

牛顿三大定律中的第一定律就是惯性定律。牛顿指出物体的质量越大，惯性也越大，质量是物体惯性大小的量度。定律内容表述为：一切物体总保持匀速直线运动状态或静止状态，直到有外力迫使它改变这种状态为止。

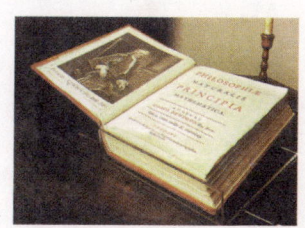

牛顿的力学巨著《原理》

>> 更多介绍

1644年，笛卡儿在《哲学原理》一书中弥补了伽利略的不足。他将自己的观点表述成两条定律：（一）每一单独的物质微粒将继续保持同一状态，直到与其他微粒相碰被迫改变这一状态为止；（二）所有的运动，其本身都是沿直线的。笛卡儿比其他人高明的地方在于，他认识到了惯性定律是解决力学问题的关键所在，是他最早把惯性定律作为原理加以确立，并视之为整个自然观的基础，这对后来牛顿的综合工作有深远影响。然而，笛卡儿只停留在概念的提出，并没有成功地解决力学体系问题。

伽利略正在做斜面实验

万有引力

科学史上的伟大发现

三百年前，牛顿在综合了当时天文学和力学成就的基础上，发现了万有引力定律。万有引力定律准确说明了行星和卫星的运动规律，解释了重力产生的原因，更重要的是这个定律揭示了自然界中一种基本的相互作用力，它标志着人类在认识自然的历史上迈出了重要的一步。天体质量的测定、海王星的发现、人造卫星的发射都是根据万有引力实现的。可以说，万有引力定律是牛顿在探索自然界规律上的一个光辉典范。

在科学史上，牛顿对万有引力定律的发现可以说功绩卓越。其他科学家如胡克、哈雷也在这方面作出了非常重要的贡献，但与牛顿相比，他们的观点和研究方法总是存在某些缺陷，最终与跨时代的科学发现失之交臂。

牛顿于1687年发表了《自然哲学的数学原理》。他所发现的万有引力定律，也在这部著作中得到了系统而深刻的论证。为物理理论中已经确立的定律、新假说、实验观测等，提供了一个极好的范例。

关于万有引力的发现还有一个有趣的传说：一次，牛顿正在花园里小坐。这时，一个苹果从树上掉了下来……虽然这件曾发生过无数次的事再平常不过，但却引

著名的苹果事件发生在牛顿的家乡——英国一个名叫伍尔索普的村庄。

万有引力定律的发现解释了行星围绕太阳运动的原因

起了这位巨人的沉思：究竟什么原因使一切物体都受到差不多总是朝向地心的吸引呢？牛顿思索着，终于，他发现了对人类具有划时代意义的万有引力。

在《自然哲学的数学原理》中，牛顿提出了一个思想实验，设想有一个小星球很靠近地球，以至几乎触及到地球上最高的山顶，那么使它保持轨道运动的向心力当然就等于它在山顶处所受的重力。这时如果小星球突然失去了运动，它就如同山顶处的物体一样以相同的速度下落。如果它所受的向心力并不是重力，那么它就将在这两种力的作用下以更大的速度下落，这是同我们的经验不符合的。可见重物的重力和星球的向心力必然是出于同一个原因。

紧接着，牛顿根据惠更斯的向心力公式和开普勒的三个定律推导了平方反比关系。牛顿还反过来证明了若物体所受的力指向一点而且遵从平方反比关系，则物体轨道呈圆锥曲线——椭圆、抛物线或双曲线。在原理中，牛顿同磁力作用相类比，得出这些指向物体的力应与这些物体的性质和量有关，从而把质量引进了万有引力定律。

牛顿把他在月球方面得到的结果推广到行星的运动上去，并进一步得出所有物体之间万有引力都在起作用的结论。这个引力同相互吸引的物体质量成正比，同它们之间的距离的平方成正比。牛顿根据这个定律建立了天体力学的严密的数学理论，从而把天体的运动纳入到根据地面上的实验得出的力学原理之中，这是人类认识史上的一个重大的飞跃。

胡克

当时人们讽刺万有引力理论的一幅漫画

>> 更多介绍

罗伯特·胡克在1674年的一次演讲"证明地球周年运动的尝试"中，提出了三个假设："第一，据我们在地球上的观察可知，一切天体都具有倾向其中心的吸引力，它不仅吸引其本身各部分，并且还吸引其作用范围内的其他天体。因此，不仅太阳和月亮对地球的形状和运动发生影响，而且地球对太阳和月亮同样也有影响，连水星、金星、火星和木星对地球的运动都有影响。第二，凡是正在做简单直线运动的任何天体，在没有受到其他作用力使其沿着椭圆轨道、圆周或复杂的曲线运动之前，它将继续保持直线运动不变。第三，受到吸引力作用的物体，越靠近吸引中心，其吸引力也越大。"胡克首先使用了"万有引力"这个词。他提出的三条假设，实际上已包含了有关万有引力的一切问题，所缺乏的只是定量的表述和论证。但是，胡克缺乏深厚的数学基础和敏捷的逻辑思维能力，并不能像牛顿那样概括、归纳出伟大的定律。

雷电的本质

科学史上的伟大发现

中国神话说:"雷曰天鼓,雷神曰雷公。""雷公"叩击"天鼓",产生隆隆雷声;"电母""两手持镜",形成闪闪电光,神学家们则宣传"雷为天怒"。许多无神论者虽然指出雷电纯属自然现象,但并未揭示出其本质。美国科学家富兰克林将"天电"引入了莱顿瓶,成功地证实了闪电的特性。这是人类在征服大自然的道路上迈出的具有重大意义的一步,开创了电学史的新纪元。

1745年,荷兰莱顿大学的教授马森布洛克和他的朋友库诺伊斯做了一个有趣的实验。他们先用摩擦机产生电,再用金属丝把电引入玻璃瓶内,可以看见闪电的火花。他们一同设想:能不能将电储存起来呢?他们将瓶内灌满水,接通导线,再继续摇动摩擦机,却看不见一个火花。这时库诺伊斯像是要把电捞出来一样,一只手端起瓶子,另一只手到水瓶里去探索,突然他觉得右臂一阵麻胀,猛然将手缩回来。马森布洛克由此得到启发,将玻璃瓶贴了锡箔制成了能储存电的瓶子,由于马森布洛克是荷兰莱顿人,所以人们将它称为"莱顿瓶"。

一直从事大气电理论研究的富兰克林听说了这个实验,颇受启发。他将天上经常打死人畜的闪光的雷电与地下的电联想到了一起。两种电到底是不是一回事呢?为自己提出这个课题时,富兰克林已经整整40岁了。

1749年,富兰克林在大量实验的基础上证明了闪电是一种电力性质,闪电和电火花具有同样的特性,都是瞬时的,都是相似的光和声,都能燃着物体、熔解金属、流过导体、具有集中于物体尖端等特点。1752年,他用著名的风筝实验,证实了自己的观点:闪电就是一种放电现象。

7月的一天,终于盼来了费城一个大雷雨的天气,富兰克林带着儿子选了一块广阔的草地,按照设定引"天电"的方案,将一只特制的风筝徐徐放到阴雨密布的天空。

富兰克林和他的儿子利用风筝将雷电引入莱顿瓶中

中心人物

本杰明·富兰克林(1706～1790),美国科学家、物理学家、社会活动家。他生于波士顿的一个工人家庭,读书并不多,12岁时就开始作印刷学徒工。但他对科学十分向往,勤奋自学,掌握了意大利、西班牙等多种外语和广泛的自然科学知识。他从事电学研究,对电的本质的阐释,在电学领域内为电荷守恒定律的发现奠定了理论基础。

突然，一道闪电劈开云层，在天空划了一个"之"字，接着嘎嘣一声脆雷，那如铜钱般的雨点就瓢洒盆泼般地倾了下来。富兰克林让儿子威廉拉紧风筝线站到草地旁边的一所房子屋檐下，这样，靠近手的一节线就不会因淋湿而导电。这一切都是精心设计好的，风筝是绸子制的，不怕雨淋，线是麻绳很结实，靠手的一节又换成绸带，不导电，麻绳与绸带间用金属线挂一把铜钥匙。

富兰克林站在屋檐下紧张地注视着西边的天空，只见电光一道道闪过，雷声一声更比一声响亮。期盼的现象终于出现了：麻绳上的细纤维一根一根都直竖起来，这说明风筝线上已有电了。富兰克林小心翼翼地将带来的莱顿瓶接在钥匙上，使莱顿瓶充电。然后，他又使莱顿瓶放电。从而证明了聚集在瓶内的电是来自空中的闪电。瓶里的电也有火花，可以点燃酒精灯，可以用它做各种电气实验。天电、地电果然是一样的！

莱顿瓶

以后，许多科学家又重复了富兰克林的实验，以确证对闪电的认识。经过长期的研究，科学家们逐步揭示了雷电的本质：云层之间，或云层与地面之间，云与空气之间的电位差增大到一定程度时，就会发生猛烈的放电现象，随之产生震耳欲聋的雷鸣。

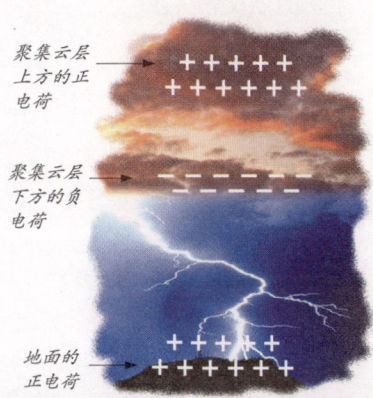

聚集云层上方的正电荷

聚集云层下方的负电荷

地面的正电荷

红外线

人类发现红外线的历史很长,由于测量上的困难,直到本世纪人们才对它的性质有所了解。随着无线电电子学、材料科学的兴起和发展,红外线的价值得到了人们的认可。红外线的发现标志着人类对自然的又一个飞跃,是热学史上的第一声春雷,为热辐射研究奠定了基础。根据这种辐射的性质,人们创立了天文学的另一分支——彩色光度学。

1672年,人们发现太阳光(白光)由各种颜色的光复合而成。当时,牛顿作出了单色光在性质上比白光更简单的著名结论。用分光棱镜可把太阳光(白光)分解为红、橙、黄、绿、青、蓝、紫等单色光。1800年,英国物理学家赫歇尔从热的观点来研究各色光时,发现了红外线。

具有红外线夜摄功能的摄像机能够在全黑环境下进行拍摄,甚至可以将肉眼也无法分辨的物体清晰地拍摄下来。

赫歇尔的职业是牧师,但却对太阳光独有钟情。为此,他专门买了一块很大的玻璃三棱镜放在自己的桌子上,不时欣赏太阳光透过它形成的七色彩带。

1800年的一天早晨,年过花甲的赫歇尔看着美丽的七色彩带,脑海里突然闪现了一个好奇的念头:"阳光带有热,可是组成太阳光的七种单色光中,哪一种带的热最多呢?"这一看似简单的问题在当时谁也不知道,于是,赫歇尔便开始思考这个问题,试图找出正确的答案。

经过冥思苦想,几天以后,赫歇尔便找到了解决这一问题的方法。他在自己房中的墙上贴上一张白纸作为光屏,使经过三棱镜的七色光带照在纸屏上。然后,在每一条光带的位置挂一支温度计。他怕自己的观察不够全面,又在红光带和紫光带外各挂了一支温度计。

做好这一切之后,赫歇尔记录下每支温度计开始的读数,然后就在一旁观察。温度计的水银柱缓慢地上升。大约过了半个小时,所有温度计的读数不再变了。

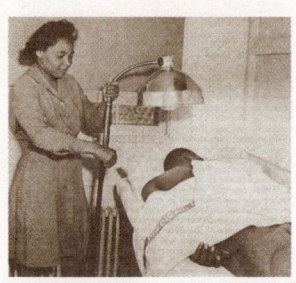

红外线很早便被应用到医疗保健中

威廉·赫歇尔

赫歇尔发现绿光区的温度上升了3℃，紫光区的温度上升了2℃，紫光区外的那支温度计读数几乎没有变化。然而令他吃惊的是，红光区外的那支温度计的读数竟上升了7℃。

多次的实验结果都是相同的：红光区外的那支温度计的读数上升最多。经过详细的分析之后，赫歇尔认为阳光的光谱实际上比人们看到的七种单色光更宽，在红光带外一定还有某种人眼看不见的光线，而且这种光线携带的热量最多。

得到准确结论后，赫歇尔对外宣布：太阳发出的光线中除可见光外，还有一种人眼看不见的"热线"，这种看不见的"热线"位于红色光外侧，因而叫做红外线。

红外线一经发现，很快应用到了军事、工业、科研等领域。近50年来，医学领域也开始应用这一技术。如在诊断中，红外热象仪能有效地诊断肿瘤、血管疾病等。

理论分析和实验研究表明，不仅太阳光中有红外线，而且任何温度高于绝对零度的物体（如人体等）都在不停地辐射红外线。就是冰和雪，因为它们的温度也远远高于绝对零度，所以也在不断地辐射红外线。因此，红外线的最大特点是普遍存在于自然界中。也就是说，任何"热"的物体虽然不发光，但都能辐射红外线。因此，红外线又称为热辐射线简称热辐射。

>> 更多介绍

自然界中五光十色的光线都是电磁波，科学家通过实验发现红外线也是电磁波。

红外线的波长范围从0.78微米到1000微米。1微米等于千分之一毫米。为了研究上的方便，红外线还可划分为以下三个波段：(1)近红外：波长为0.78～3.0微米；(2)中红外：波长为3.0～20微米；(3)远红外：波长为20～1000微米。波长比0.78微米更短的电磁波便是可见光。可见光的波长范围为0.38微米到0.78微米。

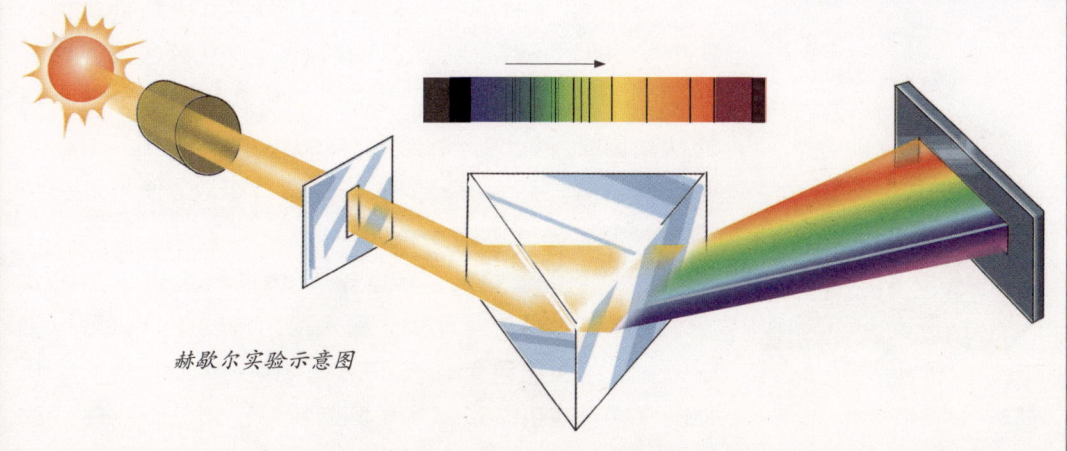

赫歇尔实验示意图

电流磁效应

电现象与磁现象的相似性很早就是人们谈论的题目。当库仑发现电力与磁力都是与距离平方成反比的力以后,寻找电与磁之间的联系便成为不少人研究的课题,但几十年过去了,都没有取得什么进展。这天赐良机最终降落在了丹麦物理学家奥斯特的身上。

电流,特别是电池的发现,不仅激发了人们研究电现象与化学现象、磁现象之间联系的兴趣,也为发现这种联系提供了可能性。

1802年,意大利的法律学家兼哲学家罗曼尼斯曾做过伏打电堆联结成的电路对磁针的影响的实验,并且看到了磁针的微小转动,但是他误认为这是电堆的两极对磁针的作用,没有想到是电流的作用。因为当时流传的看法是:电堆的两极与磁石的两极有类似性质。

奥斯特

从主观方面来看,寻找电与磁的内在联系正是奥斯特从事科学研究的长远目标。

1812年,奥斯特作了这方面的探索。他从导线通电后发热的现象出发,进一步推测如果逐渐缩小导线的直径,将会出现光和磁的效果。结果,他只看到了光的效果而未获得磁的效果,失败说明此路是不通的。

1819年冬,奥斯特在哥本哈根为一些科学工作者讲授电磁学方面的问题,当时他也正在研究电流对磁针是否有作用的课题,但一直没有什么成效。

1820年4月的一天,丹麦物理学家奥斯特要作一次电学方面的演讲,听众是一些物理爱好者和精通物理知识的学者。演讲之前,奥斯特一直在思考电和磁之间的联系,他打算试一下电流对磁针的作用。但是,在实验准备就绪之后,却发生了一件意外事故,使得他在演讲之前未能进行实验。

带着准备就绪的实验设备,奥斯特走进了演讲大厅。他边讲边做演示实验,深入浅出地给听众讲解电磁学知识。这次演讲精彩极了,一次接一次地赢得大家热烈的掌声。演讲临近尾声,奥斯特顺手将一枚小磁针放

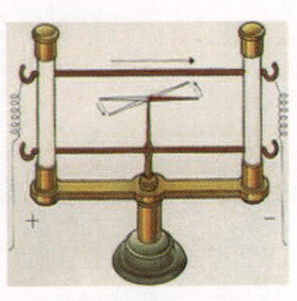

奥斯特电流磁效应示意图

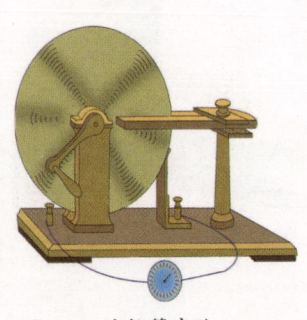

法拉第实验

在了一根导线的下方，磁针的指向正好与导线的方向平行。当给导线通电的时候，他看到磁针发生了转动。

磁针转动的角度很小，根本没有引起听众的注意。可是奥斯特对这个现象却十分重视，他敏锐地意识到，这也许是他一直探索的电和磁的联系。

初次的发现使奥斯特非常激动。演讲一结束，他立刻回到实验室研究这个现象。

在此后的3个月时间里，奥斯特做了60多个这方面的实验，用无可辩驳的事实证明了电和磁之间存在的联系：电流可以产生磁场。

奥斯特的电磁实验

奥斯特的发现具有重大的科学价值和历史意义，他不仅揭露出电与磁之间的内在联系，还发现一种新的自然力——旋转力。在奥斯特发现电流磁效应的第二年，英国化学家戴维进一步发现，凡是在铁和钢块外面绕上通电的金属导线时，该铁块或钢块就变成了电磁铁，电磁铁很快便被用于研究与技术中。

奥斯特的发现公布于世后，如毕奥、萨伐尔、安培、法拉第等一大批物理学家迅速在电磁学这块处女地上开垦，取得了丰硕的成果。

>> 更多介绍

奥斯特从1807年开始，经历了将近13个年头，终于发现了电流与磁针之间的内在联系。1820年7月21日，奥斯特把他实验研究的成果以题为《关于电流对磁针的作用的实验》的论文发表出来。论文是用拉丁文写的，仅用了4页纸。法国的《化学与物理学年鉴》破例给予了全文发表。后来，在翻译成法文时，论文的题目改为《关于电冲撞对磁针作用的实验》，这也是后来通常采用的题目。奥斯特在论文中指出："我们把在导体周围所产生的这种效应称之为电冲撞……我们根据实验可以判定这种电冲撞是圆形的，否则就不可能发生这样的情形：将闭合导线的一段放在磁针下面时，磁针（N极）被推转向东方；而放在上面时，就被推向西方。其原因是，只有圆才具有这种性质，其相反部分指向相反。"

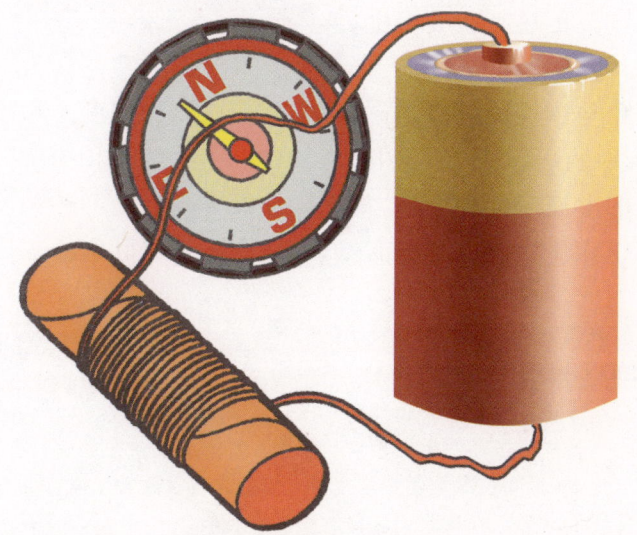

导线通电后磁针发生了偏转

欧姆定律

在 欧姆之前，人们对电流强度、电压等概念都不大清楚，就连电阻的概念都没有。欧姆定律定义了电压、电流和电磁之间的基本关系，这些基本关系标志着电路分析的真正开始。欧姆定律是电学中的重要定律，是组成电学内容的骨干知识。

欧姆定律及其公式的发现，给电学的计算带来了很大的方便。它不仅在理论上非常重要，在实际应用中用途也非常广泛，与日常生产、生活用电联系非常密切。

从18世纪末到19世纪初，在科学领域最领先的是法国。而德国的物理学家们片面强调定性的实验，忽视理论概括的作用，他们对于法国人数学物理方法甚为不满。

当然，德国也在发生变化。1806年，拿破仑大军挫败了普俄联军，给了德国以巨大打击。一些改革者提出以法国科学为榜样，彻底发行德国科学体制。德国教育有了较快发展，大学引进法国科学经典著作为教本，开办讨论班和研究生班，进入了以往认为的科学禁区。欧姆正是在这种环境中开始电路实验的理论研究，发现欧姆定律的。

1822年，法国数学家傅立叶将导热规律总结为"傅立叶定律"。其内容是：通过等温面的导热速率与温度梯度及传热面积成正比。

1826年，欧姆从傅立叶定律受到启发，认为电流现象与热传导类似。导热杆中两点之间的温度差相当于导线中两端之间的驱电力；导热杆中的热流相当于导线中的电流。欧姆猜想，如果导热杆中两点之间的热流强度正比于这两点的温度差，导线中两点之间电流也许应

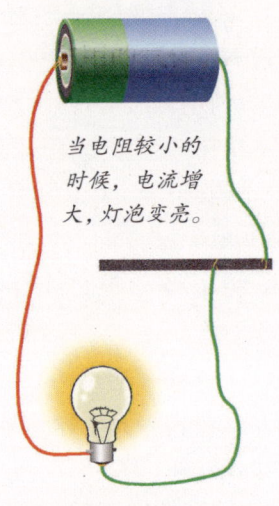

当电阻较小的时候，电流增大，灯泡变亮。

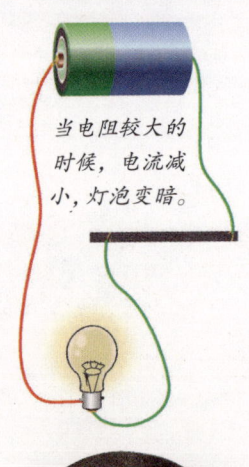

当电阻较大的时候，电流减小，灯泡变暗。

中心人物

乔治·西蒙·欧姆（1787～1854），德国物理学家。欧姆的父亲是一位熟练的锁匠，爱好哲学和数学。欧姆从小就在父亲的教育下学习数学。欧姆在物理学中的主要贡献是发现了欧姆定律，另外，他还发现了电阻与导线的长度及横截面的关系。人们为纪念欧姆，将测量电阻的物理量单位以他的姓氏来命名。

正比于这两点之间的某种驱电力。他把这种驱电力称为电动力，即今天的电势差。

开始，欧姆使用伏打电堆作电源，但它容易极化，电动势很不稳定，给实验研究工作带来很大困难。1821年，塞贝克发明温差电池。欧姆接受波根道夫的建议采用了温差电池。但他还面临着另一个电流强度的测量问题。开始，欧姆曾设想用电流的热效应，通过热胀冷缩的方法测量电流强度，但很难获得精确的测量结果。

后来，他把奥斯特关于电流磁效应的发现和库仑扭秤结合起来，设计了电流扭秤：用一根扭丝悬挂一磁针，让通电导线和磁针都沿子午线方向平行放置；再用铋和铜温差电池，一端浸在沸水中，另一端浸在碎冰中，并用两个水银槽作电极，与铜线相连。当导线中通过电流时，他发现磁针的偏转角与导线中的电流成正比。他将实验结果于1826年发表。

1827年，欧姆在原来的基础上又作了数学处理和理论加工，在定义电流强度和电势差等概念的基础上，欧姆得到一个更加完满的公式：$S = r \cdot E$，其中S表示导线的电流强度，r为电导率，E为导线两端的电势差。该公式发表在《用数学推导伽伐尼电路》一文中。欧姆的这部著作，是19世纪德国的第一部数学物理论著。

库仑扭秤

>> **更多介绍**

《用数学推导伽伐尼电路》的发表，几乎没有人意识到它的重要性，相反他受到了更多的非议和责难。德国物理学家鲍尔首先撰文攻击《电路》，由于鲍尔在当时德国物理学界的影响，国王路德维希一世派人组成一个专门学术委员会来讨论欧姆的著作，以评估和判断它在未来科学中的地位。当中大部分年老权重的物理学家们提出了反对意见。欧姆因此承受着来自外界的巨大压力。实践是检验真理的唯一标准，截至1840年，已有不少实验家证明了欧姆定律，并把它运用到自己的研究工作中去。德国政府和科学界自此才开始对欧姆改变态度，经过一些热心的科学家的反复努力，欧姆终于当选为巴伐利亚科学院院士，跻身于一流物理学家的行列。

欧姆设计的实验装置

科学史上的伟大发现

安培定律

电动机通电后能转动起来,在日常生活中是一个很平常的现象,聪明的你可曾思考过其中的原因?它的主要原理来自于法国著名物理学家安培创立的"安培定律",这一极为重要的定律,构成了电动力学的基础。

1820年9月11日,法国科学院召开会议,主题是由物理学家阿拉果报告奥斯特关于电流能够产生磁场的新发现。演示实验让大家目睹了电流作用磁针的现象。法国科学家们受到极大震动,他们一向认为电和磁没有联系的观念在事实面前被击得粉碎。

安培是一位易于接受科学事实的科学家,他在讨论过程中提出既然电流能够像磁石一样吸引小磁针,那么由此可以推断,导线中的电流也能够相互作用。这一见解引起了与会的毕奥和阿拉果的极大兴趣。会议结束后,他们一起找到安培,约好在科学院大门口见面。

安培刚到科学院门口不久,脑海中浮现出两条平行导线中电流的作用问题。正想得入神,略微抬头,突然发现前边有一块黑板,于是从口袋掏出一支粉笔在黑板上计算起来。这一切被等在科学院门口的毕奥和阿拉果看在眼里。他们远远看见,安培正在用一支粉笔在一辆马车的后车身上写着,马车在不停地走着,安培跟在后面不停地写着。当他们跑到跟前时,已看见车身上写得密密麻麻,此时,马车走得越来越快,安培就跟着跑了起来。后来,马车一转弯就不见了,这时安培才发现,原来那是一辆马车的后车身。安培懊丧地站在路中央,看着马车带着他那块"黑板"载着他那密密麻麻的计算公式,渐渐地消失了。

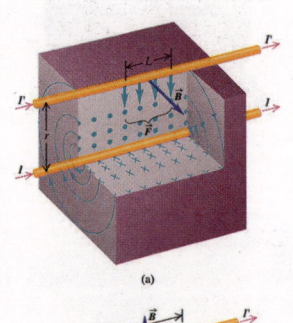
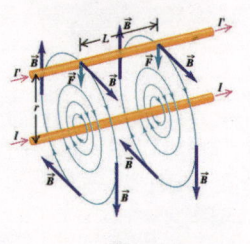

安培定律示意图

中心人物

法国物理学家安培(1775~1836),生于一个富商家庭,他的父亲信奉卢梭的教育思想,供给他大量图书,令其走自学的道路,于是他博览群书,吸取营养。安培在电学研究领域取得了一系列辉煌的成就:他是第一个把研究动电的理论称为"电动力学"的人,他写下的《电动力学现象的数学理论》一书是电磁学史上一部重要的经典论著。为了纪念他在电磁学上的杰出贡献,电流的单位"安培"就是以他的姓氏命名的。

科学院会议结束之后，奥斯特的新发现不停地在安培的脑海里盘旋，他已经完全被这个新发现迷住了。于是，他一头扎进实验室没日没夜地忙活起来了。在实验室里，安培用不同的电源和导线反复进行实验。有时候，他把导线折成方框后通上电流，有时又把导线对折再通电流，有时候，他还把导线做成螺旋形或圆形通以电流。

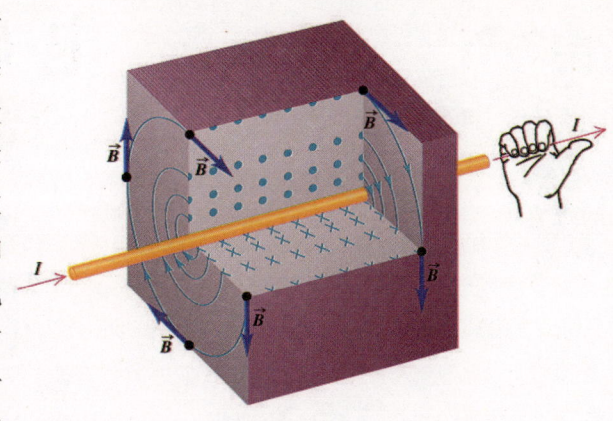

右手定则示意图

在大量实验事实的基础上，安培通过精心研究，在不到一个月的时间里，就向科学院提交了三篇有关的研究论文，报告了他一生中最伟大的发现：不仅电流对磁针有作用，而且两个电流之间也有相互作用。在两根平行的通电导体中，如果电流的方向相同，它们就互相吸引；电流的方向相反，它们就互相排斥。

沿着这个研究道路，安培继续探索，在后来的研究中又取得了大量成果。1822年，他发现了电流之间相互作用的规律——安培定律。同时，确定了判断电流磁场方向的安培定则和判断磁场对电流作用力方向的左手定则。

>> **更多介绍**

1831年，法拉第发现电磁学中最为重要的电磁感应现象。其实，早在1822年，安培已经在实验中看到了一个电流能够感应出另一个电流的现象，只是他与这个重大的发现擦肩而过。为验证他所提出的分子电流假说，1822年，安培重做了铜环和线圈实验。实验中，铜环发生了短时间的偏转，然后回到最初的位置。重大发现近在眼前，可惜当时安培只想用分子电流来解释实验现象，他不想去确定电流的方向，他忽视铜环这一短时间的偏转。科学史家认为，安培的失误在于他把自己的分子电流理论看得极为重要，他完全被自己的理论囚禁起来了的缘故。因此，他错过了真正发现电磁感应的机遇。

安培计

电磁感应

电能能够转化为机械能，机械能也能转化为电能，自然界原来是如此和谐完美，我们不禁为之惊叹，为之陶醉。在发现这一条美的道路上，不少科学家付出了巨大的努力。下面我们将要提到的是电磁学领域的重大发现——电磁感应现象。它的发现改变了人类的历史，预示着人类从蒸汽时代进入一个崭新的电气时代！

1820年，丹麦科学家奥斯特发现通电导线能引起旁边的磁针转动。当时正从事电和磁研究的法拉第根据自己做的大量实验以及大胆的直觉立刻联想到：既然电流能产生磁，那么为什么磁不能产生电流呢？1822年，他在笔记本中写下了一个崭新的研究课题——"把磁转变成电"。

为了实现这一科学闪念，法拉第付出了10年的辛勤劳动。最初，他试图用强磁铁靠近闭合导线或用强电流使邻近的闭合导线中产生稳定的电流，但都一次次地失败了。

假如根据奥斯特的看法，被推动的电荷对磁铁产生作用，也就说"产生磁"，那么被推动的磁铁也应该产生电。他按照自己的设想设计了实验装置，他的装置类似于我们今天的变压器：在一边接上一个伏打电池（法拉第称为A）和一个中断电流的开关；在另一边（称为B）接上一个电流显示器（即当有电流时，显

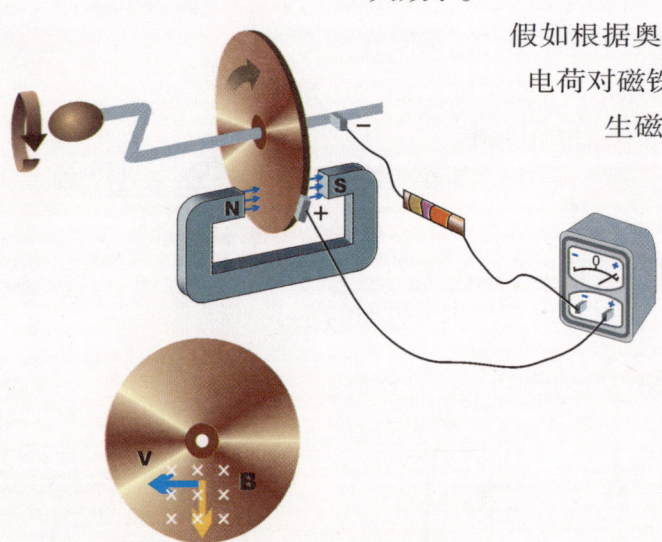

法拉第的电磁感应实验示意图

中心人物

法拉第（1791～1867），英国著名物理学家、化学家。他在1931年发现了电磁感应现象。另外还发现了电解定律、磁光效应、物质的抗磁性等。除了物理方面的杰出成就，法拉第在化学方面也有很多重要的贡献：他发现了两种新的氯化碳，研究了合金钢的性能，还发现了苯，对有机化学的产生和发展起了很大的推动作用。由于他出色的贡献而获得了1846年的伦福德奖章和皇家奖章。为了纪念他，人们用他的名字来命名电容的单位——法拉。

示出偏转的一个磁针）。接通 A 的电流时，B 电路上的测量仪显示短暂的偏转，然后，指针立即又回到 0 位。当 A 路中的电流被中断时，也出现一偏转（但向另一个方向偏转）。法拉第本来希望，在整个电流动过程中，在 A 和 B 电路中都有电流产生，然而磁针则准确无误地表明：只在"开"和"关"的时刻有效应存在。后来，法拉第很快发现，永久磁铁也可以用于感应。

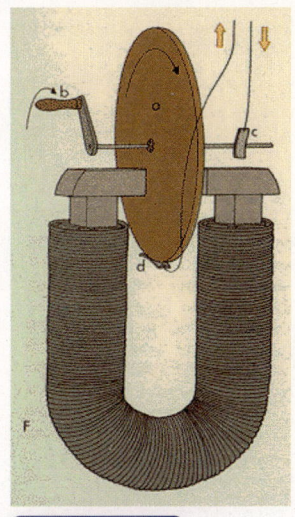

1931 年 10 月 17 日这天，法拉第终于实现了重大的突破。他在直径为 1.9 厘米、长为 21.6 厘米的空心纸筒上绕了 8 层螺旋线，把 8 层线圈并联后再接到检流计上。当他把磁铁棒迅速地插入螺线管时，检流计的指针就偏转了，然后又迅速地拉出来，指针在相反的方向上发生了偏转。每次把磁棒插入或拉出时，这个效应会重复，因而电的波动只是当磁铁靠近时才产生。这就是一个原始的发电机，它通过磁体的机械运动而产生电流。

此后，法拉第又继续进行大量的实验，以探讨电磁感应产生的条件。1831 年 11 月 24 日法拉第写了一篇论文，他把可以产生感应电流的情况概括成五类，正确地指出了感应电流与源电流的变化有关，而不与源电流本身有关。法拉第将这一现象与导体上的感应电作了类比，把它命名为"电磁感应"。1832 年，法拉第采用了笛卡儿发明的磁力线这个概念来解释"电磁感应"现象。他认为：感应电流是导体切割磁力线产生的，电流方向由切割磁力线的方向决定。这就是我们今天还常用到的"左/右手定律"。

>> 更多介绍

在《法拉第日记》中，明确记载了法拉第发现电磁感应现象时失败的 3 次实验：1824 年 12 月 28 日，他把强磁铁放在接有检流计的电流线圈内，期望会改变导线中的电流，结果没有发现检流计指针偏转；1825 年 11 月 28 日，他将导线回路放在另一通电回路附近，期望在导线回路中能感应出电流，但也没有发现任何效应；1828 年 4 月 22 日，他把磁铁穿入一个悬挂起来的铜线环内，期望环内产生感应电流，但把其他磁铁靠近导线，却没有任何效应产生。

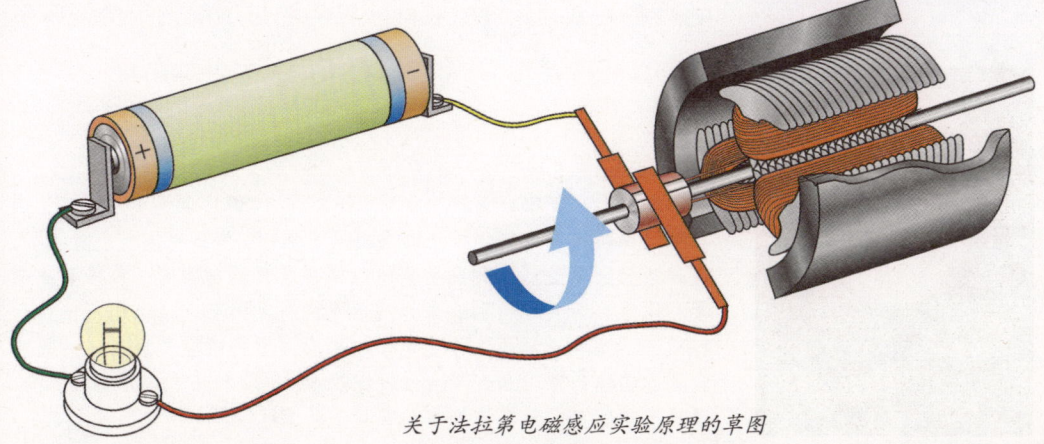

关于法拉第电磁感应实验原理的草图

57

能量转换和守恒定律

能量转换和守恒定律是在长期的生产实践和大量的科学实验的基础上确立起来的,具体可表述为:在孤立系统中,能量从一种形式转换成另一种形式,从一个物体传递到另一个物体,在转换和传递的过程中,各种形式、各个物体的能量的总和保持不变。这个定律是自然科学中最基本的定律之一,也是全部科学的基石,它科学地阐明了运动不灭的观点,深刻地揭示了自然界各种运动状态的普遍联系和统一性,为人类找到了各种运动的统一量度——能量。它为人类解决了一系列重大的科学问题。

在能量转换和守恒定律发现的过程中,最值得一提的有三位科学家,他们分别是:迈尔、焦耳和亥姆霍兹。

德国医生迈尔最早是从人体新陈代谢的研究中得到这个重要发现的。1840年,26岁的迈尔在一艘船上做随船医生,当他给生病的船员抽血时,发现病人的静脉血比在欧洲时颜色要红一些,他想可能是由于血中含氧量较高的缘故。而含氧量之所以高,是机体中食物的燃烧过程减弱的结果。这使他联想到食物中化学能与热能的等效性。1842年,迈尔发表了题为《论无机界的力》的论文,提出了建立不同的力之间的当量关系的必要性。

迈尔

迈尔从理论上揭示了能量转换和守恒定律,而英国物理学家焦耳对于热功当量的精确测定为这一定律的建立提供了最重要的实验基础。1840～1841年间,经过多次通电导体产生热量的实验,他发现电能可以转换为热能。1843年,焦耳钻研并测定了热能和机械功之间的当量关系,并宣布:自然界的能是不能毁灭的,哪里

中心人物

詹姆斯·普雷斯科特·焦耳(1818～1889),英国物理学家。焦耳可以说是一位靠自学成才的杰出的科学家,他从小体弱不能上学,在家跟父亲学酿酒,并利用空闲时间自学化学、物理。他很喜欢电学和磁学,对实验特别感兴趣。后来成为英国曼彻斯特的一位业余科学家。焦耳最早的工作是电学和磁学方面的研究,后转向对热功转换的实验研究。1866年由于他在热学、电学和热力学方面的贡献,被授予英国皇家学会柯普莱金质奖章。

消耗了机械能，总能得到相当的热，热只是能的一种形式。此后不断改进实验方法，直到 1878 年还有测量结果的报告，那时测得热功当量的平均值仅比现在人们公认的 1 卡 = 4.18 焦耳约小 0.7%，如此精确的实验结果为能量守恒定律的确立，提供了无可置疑的实验证据。

亥姆霍兹是德国物理学家、生理学家，他是从生理学问题开始对能量守恒原理进行研究的。1847 年，亥姆霍兹出版了《论力的守恒》一书。在书中，亥姆霍兹确认"力"的守恒定律在自然界中所起的作用，给出了不同形式的能的数学表示式，并研究了它们之间相互转换的情况。《论力的守恒》这部著作成了能量守恒定律论证方面影响较大的一篇历史性文献。

亥姆霍兹

除了上述三位物理学家作出主要贡献外，还有法国的卡诺、塞甘、伊伦，德国的莫尔、霍耳兹曼，俄籍的瑞士化学家赫斯，英国的格罗夫，丹麦的柯耳丁等人，都曾独立地发表过有关能量守恒方面的论文，对能量守恒定律的发现作出了贡献。

焦耳为测量能量的转换而设计的实验仪器

>> **更多介绍**

能量守恒定律，表达了关于运动量不可创造和不可消灭的普遍规律；概括了一切物理现象：力、热、电、磁、光的现象，揭示了这些物理现象运动形式之间的统一性，从而达到物理科学的第二次大综合。自从这个定律发现以来，人类在对能量的认识上取得了两个伟大的成就：一是能量子的发现，即自然界各种形式的能量都是由一份一份的能量子构成的，这一发现直接导致了现代物理学的诞生；二是质能关系的发现，即一定的质量必对应于一定的能量，这一发现使人类找到了新的能源——原子能。但是能量世界是丰富多彩的，还有许多未知的东西需要我们去探索和发现。

阴极射线

阴极射线具有一些化学效应，在空气中还会发生散射，对不同物体的穿透本领也不一样等等这些研究成果，增加了人们对这些现象的认识，而且在许多方面成为以后电子论发展的基础。尤其是1905年诺贝尔物理学奖获得者勒纳关于阴极射线可存在于放电管外的发现，更是开辟了物理学研究的新领域，促进了对其他尚未弄清楚的类似射线源的研究。

阴极射线和X射线、放射性、电子都有关联，它们是由不同时期众多科学家各自研究发现的。

19世纪中叶，随着电学知识的积累和真空技术的提高，科学家们又开始注意被遗忘很久的真空放电现象。

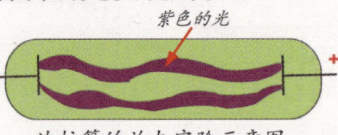

法拉第的放电实验示意图

1838年，法拉第首先做了低气压气体的放电实验。他将一根玻璃管内的空气抽去，将两根黄铜棒插到玻璃管里面作为电极。当通电的时候，法拉第发现，在两根黄铜分开的瞬间，出现了一种独特的放电现象：从负极发出一束光线，而正极却是暗的。加大两极之间的距离，则从正极向负极发出一束紫红色的光。距离越大，光束越长，且向负极移动，光束和负极之间总有一段暗区，而且长度几乎不变。这个暗区后来被称为法拉第暗区。

普吕克尔对法拉第观察到的这一现象进行了进一步研究。普吕克尔是波恩大学的物理学教授，他对磁与气体放电间的关系产生了极大的兴趣。在他的身边有一位极有才华的仪器制造者盖斯勒，这对他的工作很有帮助。

盖斯勒精于玻璃吹制，他制作了许多形状不同、性能优越的真空管供普吕克尔研究使用，这就是后来称为的"盖斯勒管"。1855年，他根据普吕克尔的设计，利用托里拆利的真空原理制造出水银真空泵，使人们获得了更高的真空度，低气压气体放电的研究也随之进入真

中心人物

普吕克尔（1801～1868），德国物理学家。他原是一位数学家，在数学方面有不少重要的贡献。他是第一位循代数途径为射影几何演示其效用和活力的人；著有《代数曲线论》《解析几何的体系》等著作。后来，由于受到施泰纳的排斥，转而研究实验物理学。并在物理学方面有许多重要的发现，如：气体和液体之磁性，低气压放电以及阴极射线研究等。

空放电的研究阶段。可以说，盖斯勒不是一位科学家，但他对阴极射线的发现作出过重要贡献。

1857年，普吕克尔用盖斯勒管做了一系列真空放电实验。他发现管内的气压越低，法拉第暗区越大。如果把磁铁靠近盖斯勒管，则从阴极发出的光束就会跟随磁场的"力线"。最重要的是普吕克尔还发现，从阴极发出的射线打到管壁上会发出荧光，而且荧光斑能被磁场力偏转。

普吕克尔的学生希托夫也长时间从事真空放电的研究。1869年，他发现如果在阴极和玻璃管壁之间放置各种形状的物体，那么物体的影子就会清晰地映照在管壁上。根据一系列实验，希托夫推测从阴极发出的是一种沿直线传播的射线。

德国物理学家哥尔德茨坦进一步证实了阴极射线是直线运动。从1871年起，哥尔德茨坦用多种材料制成形状、大小不同的平面阴极，发现由阴极发出的射线完全不同于白炽灯丝发出的光那样向四面八方散射，而是从阴极表面平行射出，并且这种发射方式与阴极的材料无关。他还发现了阴极射线的其他性能，比如把某些材料，如银盐放到管内，射线就会使它们发生化学变化。哥尔德茨坦把这种射线称为"阴极射线"。

盖斯勒管

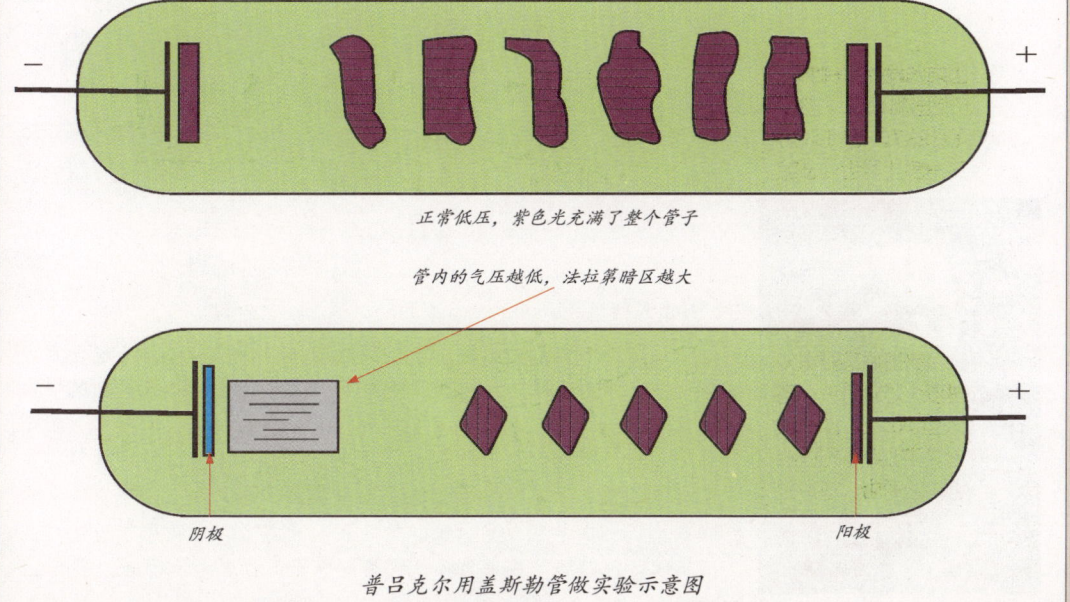

普吕克尔用盖斯勒管做实验示意图

电磁场理论

麦克斯韦的电磁场理论从超距作用过渡到以场作为基本变量,实现了科学认识的一个革命性变革。他所提出的以其名字命名的方程组被爱因斯坦赞誉为"牛顿时代以来物理学上一个最重要的事件,这不仅是因为它的内容丰富,并且还因为它构成了一种新型定律的典范"。

电磁场是有内在联系、相互依存的电场和磁场的统一体和总称。随时间变化的电场产生磁场,随时间变化的磁场产生电场,两者互为因果,形成电磁场。电磁场可由变速运动的带电粒子引起,也可由强弱变化的电流引起,不论原因如何,电磁场总是以光速向四周传播,形成电磁波。电磁场是电磁作用的媒递物,具有能量和动量,是物质存在的一种形式。

法拉第从广泛的实验研究中构想出描绘电磁作用的力线图像。他认为电荷和磁极周围充满了力线,靠力线(包括电力线和磁力线)将电荷(或磁极)联系在一起。

在法拉第力线思想激励下,1842年和1847年,麦克斯韦连续发表了两篇关于电磁相似性的论文,文中把法拉第的力线思想转变为定量表述,初步形成了电磁作用的统一理论。

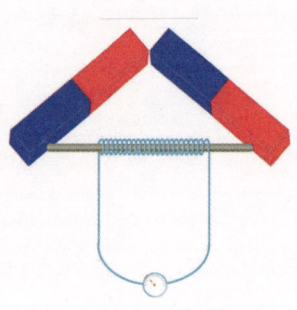

法拉第实验

麦克斯韦在大学期间就深深地被法拉第的电磁思想所吸引,他认识到力线概念的重要性,也看到法拉第定性表述方面的弱点,决心以数学手段弥补其不足。同时,汤姆生的论文使他体验到法拉第的思想与传统的静电理论是协调的,有可能进一步建立统一的电磁理论。

1856年2月,麦克斯韦的第一篇电磁学论文《论法拉第力线》不仅用数学形式解释了法拉第的力线图像,而且包藏着他后来一切新思想乃至麦克斯韦方程的

中心人物

詹姆斯·克拉克·麦克斯韦(1831~1879),英国物理学家。他是继法拉第之后,又一位集电磁学大成于一身的伟大科学家。他全面地总结了电磁学研究的全部成果,并在此基础上提出了"感生电场"和"位移电流"的假说,建立了完整的电磁场理论体系,不仅科学地预言了电磁波的存在,而且揭示了光、电、磁现象的内在联系及统一性,完成了物理学的又一次大综合,为物理学树起了一座丰碑。他的理论成果为现代无线电电子工业奠定了理论基础。

胚胎。

法拉第已经证明了磁能生电。电流和电场并不一样，电流很明显地能使导线发热，能电解水，叫传导电流。而变化的电场虽然也有电流的某些性质，却并不明显，聪明的麦克斯韦就给它起了一个名字叫"位移电流"。

变化电场能否像电流一样激发出磁场呢？法拉第实验了多少年还是没有找到它们之间的联系。到了最关键的时候，问题往往不是用实验所能解决的，而只能靠推理来决定。这个难题果然由麦克斯韦用数学公式推导出来了。

1855年，麦克斯韦开始研究电磁学，在潜心研究了法拉第关于电磁学方面的新理论和思想之后，坚信法拉第的新理论包含着真理。于是他抱着给法拉第的理论"提供数学方法基础"的愿望，决心把法拉第的天才思想以清晰准确的数学形式表示出来。

经过近十年的研究，统一的电磁场理论终于诞生了。麦克斯韦在前人成就的基础上，对整个电磁现象作了系统全面的研究，并发表了电磁场理论的有关论文。他将电磁场理论用简洁、对称、完美数学形式表示出来，经后人整理和改写，成为经典电动力学主要基础的麦克斯韦方程组。

1865年，麦克斯韦预言了电磁波的存在，并计算了电磁波的传播速度，同时得出结论：光是电磁波的一种形式。1888年，德国物理学家赫兹用实验验证了电磁波的存在。麦克斯韦于1873年出版了科学名著《电磁理论》。系统、全面、完美地阐述了电磁场理论。这一理论成为经典物理学的重要支柱之一。

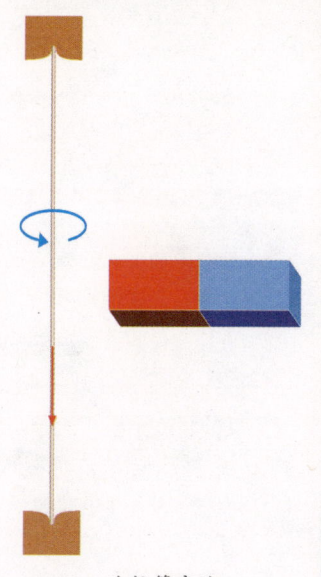

法拉第实验

>> **更多介绍**

麦克斯韦尽管对近代物理学作出了重大贡献，生活的却并不幸福。他的学说在当时并不为众人所接受。由于书中所用的数学方法比较深奥，极具抽象性，并且在书出版之后的很长一段时间里又没有发现电磁波。因此，支持他的理论的人寥寥无几，怀疑和反对的意见却接踵而来。他主持的演讲电磁理论的讲座门庭冷落。有时，空旷的大教室里仅坐着两名学生。种种不顺心的事使麦克斯韦心力交瘁、疲惫不堪，身体越来越差。1879年，这位伟大的科学家终因肺病去世。后来，德国物理学家赫兹用实验证明了电磁波的存在，为麦克斯韦的理论画上了圆满的句号。

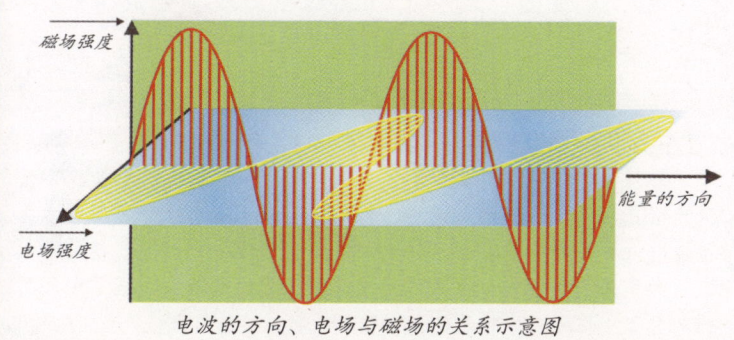

电波的方向、电场与磁场的关系示意图

科学史上的伟大发现

电磁波

电磁波在当今人们的生活中起着异常重要的作用，无线电报、雷达等都是用电磁波来传递信息的。但这个伟大发现并不是一蹴而就的，它是几代科学家、发明家共同努力的结果。爱因斯坦曾经这样评述它的发现者："法拉第和麦克斯韦的思想，是物理学自牛顿以来的一次最深刻和富有成效的变革……麦克斯韦的天才迫使他的同行们在概念上要作多么勇敢的跃进。只是等到赫兹以实验证明了麦克斯韦电磁波的存在以后，对新理论的抵抗才被打垮。"

由法拉第发现、麦克斯韦完成的电磁理论，因为未经一系列的科学实验证明，始终处于预想阶段。是赫兹把天才的预想变成世人公认的真理，使假说变成了现实。

促使赫兹去验证麦克斯韦预言的正确性是一次偶然的发现引起的。他在做一次放电实验时，发现在附近的线圈上迸发出小火花。赫兹马上联想到，这是电谐振的结果，就像声学实验中，相同的音叉会产生共振一样。赫兹受到启发，由此开始了捕捉电磁波的系统实验。

卫星中继站

1886年，赫兹在恩师赫尔姆霍茨的指导和帮助下，制成了一套完备的实验仪器。他将两个用空气隔开的金属小球调到一定的位置，接上高压交流电，使电荷交替地涌入，由于两球之间的电压很高，间隙中的电场很强，空气分子被电离，从而形成一个导电通路。通电

中心人物

赫兹（1857～1894），德国物理学家。他逝世时，年仅37岁，这无疑是物理学界的巨大损失。他从21岁考入柏林大学直到不幸去世，进行科学研究不足15年，却建立了永垂青史的功绩。他关于电磁波的实验，为无线电技术的发展开拓了新的道路，构成了现代文明的骨架。后人为了纪念他，把频率的单位定为赫兹。

时，两个本来不相连的小球间却发出吱吱的响声，并有蓝色的电火花一闪一闪地跳过，这说明小球间产生了电场，那么按照麦克斯韦的方程，电场再激发磁场，磁场再激发电场，连续扩散开去，便有电磁波传递。为了能接收到电磁波，赫兹又在离金属球4米远的地方用一根导线弯成环形，线的两端之间有一个空气隙，做成了一个能探测电磁波的检波线圈。当火花发生器通电后，检波器的空气隙里果然出现了蓝光闪闪的小火花。可见火花发生器的电流能产生辐射，它的能量能跨越空间，从发生器送到接收器。这就说明发射球和接收环之间有电磁波在运动了。

赫兹捕捉电磁波所用的实验仪器

赫兹后来又通过反复实验证明了电磁波具有光一样的反射性能。此后，他还悉心研究了电磁波的折射、干涉、偏振和衍射等现象，并且算出了速度为每秒30万千米，麦克斯韦于24年前所作的预言得到了证实！

尽管当时赫兹还无法解释这种现象，但他如实作了记录，并在当年发表的题为《论紫外光对放电现象的效应》中首次描述了这一发现。

>> **更多介绍**

发现电磁波产生的巨大影响，连赫兹本人也没料到。在他发现电磁波的第二年，有人问他，电磁波是否可以用作无线电通信，赫兹不敢肯定。赫兹研究电磁波无意中丢下的种子，却很快在异地开花结果了。在发现电磁波不到6年时间里，意大利的马可尼、俄国的波波夫分别实现了无线电传播，并很快投入实际使用。其他利用电磁波的技术，也像雨后春笋般相继问世。无线电报（1894年）、无线电广播（1906年）、无线电导航（1911年）、无线电话（1916年）、短波通讯（1921年）、无线电传真（1923年）、电视（1929年）、微波通讯（1933年）、雷达（1935年）以及遥控、遥感、卫星通讯、射电天文学……它们使整个世界面貌发生了深刻的变化。

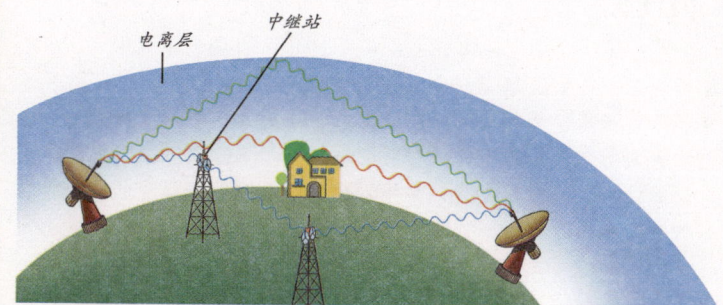
无线电波（电磁波的一种）的三种传播方式：地波、天波和空间波。

电子

电子是构成物质微观结构的一种基本粒子。它是人类发现的第一个基本粒子，电子的发现不但揭示了电的本质，而且为物理学研究打开了通向微观世界的大门。物理学家通过对电子的认识，发展起了原子核物理学、量子力学、固体物理学等现代的物理理论，而这些物理理论又促使激光、半导体、超导等现代科学技术得以诞生。

人类发现电子的过程是相当漫长的。早在1833年，在法拉第提出的电解定律中，就曾得出结论：电是以独立粒子的形式存在的。40年之后，科学家才对电流通过盐酸溶液时观察到的电解过程进行深入的分析。1874年，爱尔兰物理学家斯托尼继第一个由电解定律推出：原子所带的电量为一个基本电荷的整数倍。1891年他进一步提出用电子作为电的最小单位。

汤姆逊发现电子的工作开始于研究阴极射线的本性。阴极射线发现后，一些科学家认为阴极射线是带电粒子流，而另一些则说它是和光一样的电磁波，双方争执不下。

而汤姆逊则认为如果阴极射线是一种带电的粒子流，它经过电场和磁场时的运动方向就会改变，否则阴极射线便无疑是和光一样的电磁波。汤姆逊先是在一个15米长的真空管内，用旋转镜法测量阴极射线在低气压中的传播速度，得到的值为 1.9×10^5 米/秒，这个值远远低于光速。因此汤姆逊认为不能把阴极射线看作电磁波。

否定了阴极射线是电磁波，也不能说阴极射线是粒子流，汤姆逊接着进行阴极射线在电场和磁场中运动的实验。他对法国物理学家佩兰测定阴极射线电荷的实验做了重大的改进，在接收筒内他收集到了负电荷。他还

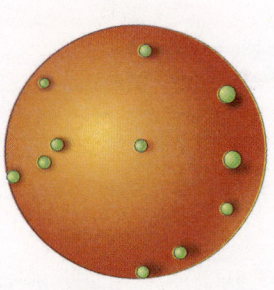

汤姆逊的原子模型

中心人物

约瑟夫·约翰·汤姆逊（1856～1940），英国物理学家。对物理学经典理论有很深造诣，尤其在热学和电磁学方面，发表过很多论文。尽管汤姆逊并不擅长实验技术，动手能力较差，但他很熟悉实验中的实际工作，善于设计，敏于判断，思想活跃，在同事们和学生们的协助下，也完成了许多精彩实验。汤姆逊以其对电子和同位素的实验著称。同时，他还是第三任卡文迪许实验室主任，并连续在这个世界第一流的物理学研究基地工作了35年，经他培养的研究人员中有7个人得过诺贝尔奖。他从事的研究对物理学的发展有重要影响。

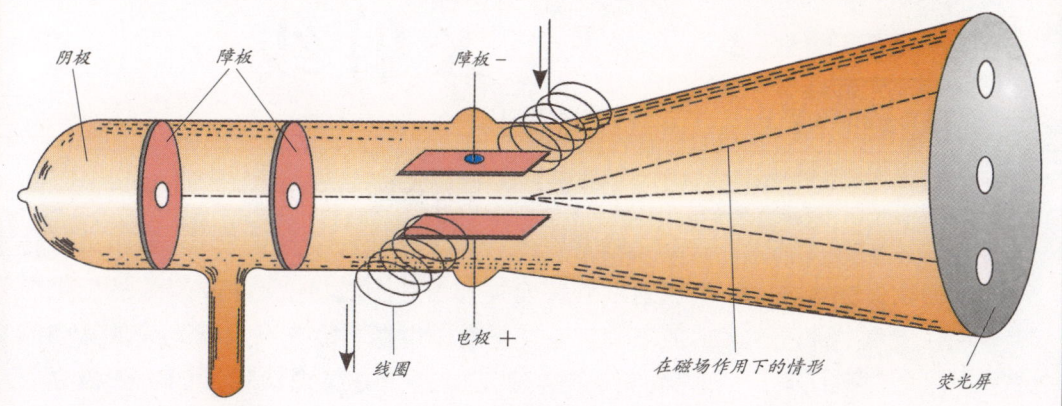

汤姆逊测量电子的装置示意图

发现阴极射线与负电荷流在磁场和电场的作用力下有着相同的运动路径。因此,汤姆逊断定阴极射线是由带负电荷的粒子流组成。

汤姆逊为了弄清楚这些带负电荷的粒子是什么,他巧妙地测出阴极射线粒子的电荷与质量的比值——荷质比。他用各种不同的金属材料做成阴极射线管的阴极,并给管内填充不同的气体,但测出的荷质比值始终不变。这个结果引起了汤姆逊的兴趣。

汤姆逊把阴极射线粒子的荷质比与电解定律求出的氢离子的荷质比进行比较,发现后者尚不到前者的千分之一。这个发现太重要了,因为如果阴极射线粒子的电荷与氢离子相同,那么阴极射线粒子的质量就远小于氢离子。由于氢离子已是当时知道的最轻的粒子,如果是这样,阴极射线粒子就是一种从未见过的新粒子。怎么测出阴极射线粒子的电荷呢?汤姆逊想到他的另一位学生汤森德已测出一个气体离子的电荷值,他对这个实验略加改进,就测出阴极射线粒子的电荷量,这个值与氢离子的电荷值相等。

由此,汤姆逊得出了结论:阴极射线是一种粒子流,质量比氢离子小得多;这种粒子带有最小单位的电荷,但却是负的。所有的证据都证明这是一种人类从未知道的新粒子。借助斯托尼继的对电荷最小单位的命名,汤姆逊称阴极射线粒子为"电子"。

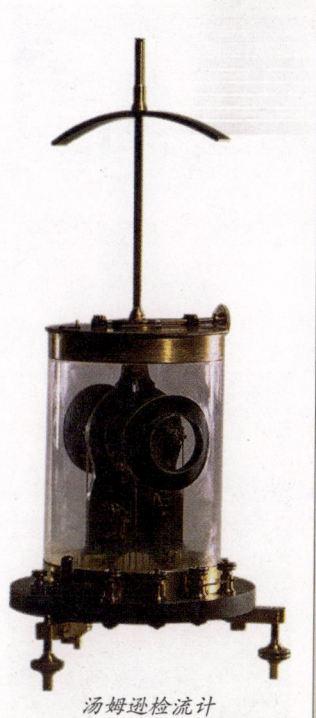

汤姆逊检流计

X 射线

X 光是一种看不见的射线，它的穿透力非常强。它能穿过我们的心脏，穿过肺脏，却穿不透我们的骨骼。当我们站在透视机前时，医生从透视机的荧光屏上，可以看到我们身体器官的轮廓：骨骼是白色的，心脏、肺脏是暗灰色的。如果哪个部位有病，就会出现特殊的阴影。瞧，X 射线就是这样一种奇妙的射线。它是德国科学家伦琴最先发现的。X 射线的发现具有十分重大的意义，它是 19 世纪末 20 世纪初发生的物理学革命的开端。

1895 年 11 月 8 日傍晚，伦琴正在维尔茨堡大学的一个实验室里做一项关于阴极射线的实验。他用黑纸将阴极射线管完全掩遮好，使之与外界相隔绝，然后把窗帘放下。当他打开高压电源，检查有没有光线从管中漏出的时候，突然发现有一道绿光从附近的一个板凳射出。他把高压电源关掉，光线也随着消失。板凳是不会发出光的，敏感的伦琴立刻点灯，发现板凳上摆着自己原来做实验时用的一块硬纸板，硬纸板上涂了一层荧光材料。

伦琴知道从阴极射线管中散出的阴极射线有效射程仅有 2.5 厘米，显然是不会跑出这么远的。那这是什么光使荧光材料闪光的呢？伦琴很快意识到有某种未知光线被发现了，并且这种光线能穿过黑纸包层，激发涂料的晶体发出荧光。伦琴惊喜万分！他再次打开开关，用一本书挡在阴极射线管与硬纸板之间，发现硬纸板依然有光。他先后在阴极射线管与硬纸板之间放了木头、玻璃、硬橡胶等等，但都不能挡住这种光线。

伦琴在实验室里整整做了 7 个星期的实验，终于确定这是一种尚不为人类所知的新射线。由于对它的性质还不十分了解，所以定名为 X 射线。后来，科学界为了纪念它的发现，将之称为"伦琴射线"。

1895 年 12 月下旬，伦琴将他的研究成果写成论文。在随后的一次检验铅对 X 射线的吸收能力时，他意外

当时的关于 X 射线的漫画

中心人物

威廉·伦琴（1845～1923），德国杰出的实验物理学家。他一生在物理学许多领域中进行过实验研究工作，如气体的比热容、晶体的导热性、热电和压电现象、光的偏振面在气体中的旋转、光与电的关系、物质的弹性、毛细现象等。但是最重要、最引人注目的贡献莫过于 X 射线的发现了，这项伟大的发现，使他于 1901 年成为第一个诺贝尔物理学奖获得者。

地看到了自己拿铅片的手的骨骼轮廓。于是，伦琴请他的夫人把手放在用黑纸包严的照相底片上，用X射线照射，底片显影后，看到了伦琴夫人的手骨像，手指上的结婚戒指也非常清晰，这成了一张有历史意义的照片。

1896年元旦，伦琴将他的论文和第一批X射线照片复制件分送给一些著名物理学家。几天之后，这个发现就传遍了全世界，在公众中引起轰动。其传播之迅速，反应之强烈，在科学史上是罕见的。X射线很快就被应用于医学和金属探伤等领域，从而创立了X射线学。X射线究竟是一种电磁波，还是一种粒子流，曾经争论许多年。直到1912年德国物理学家劳厄和他的助手发现X射线通过晶体后产生衍射现象，才证明它是一种波长很短的电磁波。

X射线的发现具有十分重大的意义，它是19世纪末20世纪初发生的物理学革命的开端。它的发现对于化学的发展也有重要意义：1913年，根据对各种元素的特征X射线光谱的研究，发现了莫斯莱定律，确定了元素的原子序数等于核电荷数，这对元素周期律的发展和原子结构理论的建立起了重要作用。以X射线晶体衍射现象为基础建立起来的X射线晶体学，是现代结构化学的基石之一。

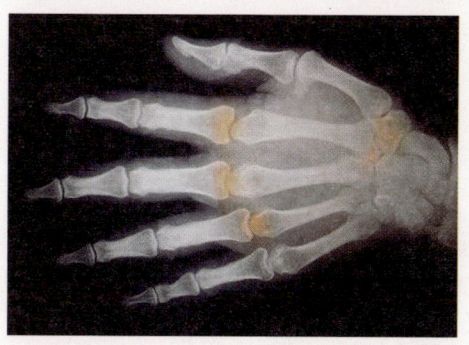

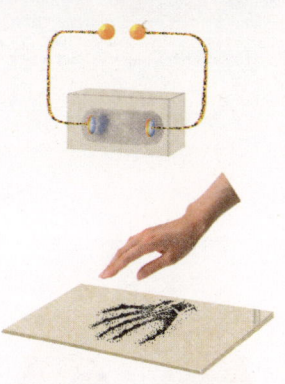

1895年伦琴X光实验

>> **更多介绍**

伦琴在他的论文中将初步发现的X射线的性质作了如下总结：(1)阴极射线打在固体表面上便会产生X射线；固体元素越重，产生的X射线越强。(2)X射线是直线传播的，在通过棱镜时不发生反射和折射，不被透镜聚焦。(3)与阴极射线不同，不能借助磁体(即使磁场很强)使X射线发生任何偏转。(4)X射线能使荧光物质发出荧光。(5)它能使照相底片感光，而且很敏感。(6)X射线具有很强的贯穿能力，它可以穿透千页的书，二三厘米厚的木板，几厘米的硬橡皮等。不太厚的铜板、银板、金板、铂板和铅板的背后，都可以辨别荧光。只有铅等少数物质对它有较强的吸收作用。

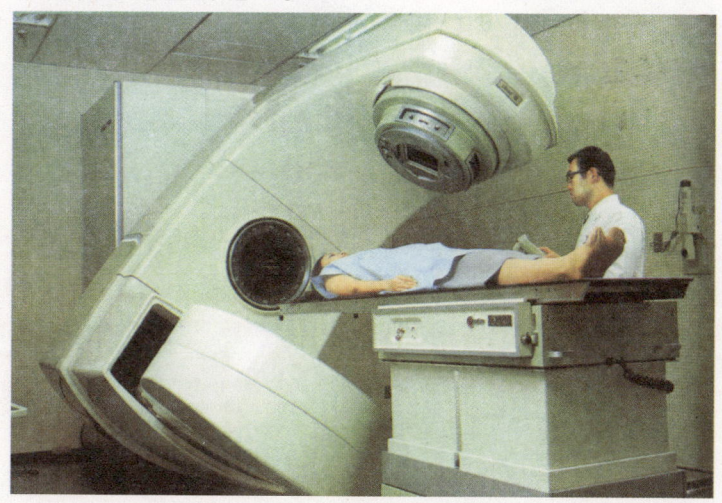

医疗中运用X射线进行身体检查

放射性

科学史上的伟大发现

天然放射性是原子核的性质，它的发现和研究使人类的认识向微观领域又深入了一个层次，从对原子的认识进入到了对原子核的研究，这是人类认识史上划时代的伟大发现。科学界也因此而引发了一场真正的革命——由贝克勒尔开创的原子能研究的应用新领域，使人类迈向了现代文明。

提起放射性，人们自然想到居里夫妇。其实，最早的发现者是法国一个名叫贝克勒尔的人。贝克勒尔25岁就取得了工程师资格，到1892年时，44岁的贝克勒尔对物理学已经有很深的研究了。1月20日，法国科学院举行了一次重要学术讨论会。作学术报告的是著名的数学家和物理学家彭加勒。他给来自全国各地的与会者展示了伦琴刚刚寄给他的X射线照片，引起学者们的极大兴趣。

在场的贝克勒尔给彭加勒提了一个问题。他说，射线是从阴极射线管的哪一个区域发出的？彭加勒说，X射线看来是从管子正对着阴极的区域发出的，就是玻璃管发出荧光的区域。贝克勒尔受到启发，当即产生了这样的猜测：X射线和荧光之间可能存在着某种联系，能够发出荧光的物质可能同时也可发出X射线。

例会结束后，贝克勒尔就开始了实验，他精心设计了一套研究方案：把照相底片用黑色的厚纸包严，使其不受阳光的作用，但可以受到X射线的作用，因为伦琴已经证明X射线可以穿过厚纸包层使照相底片感光。在照相底片包封附近放两块能发出荧光的材料，其中一块用一枚银币与纸封隔离，然后把它们拿到阳光下暴晒，使材料发出荧光。如果发荧光的物体可以产生X射线，那么底片上将留下明显不同的感光痕迹。贝克勒尔家中收藏有大量可以发出荧光和磷光的物质材料，他

表示放射性的标志

中心人物

安东·亨利·贝克勒尔（1852～1908），法国物理学家。他出生在巴黎一个书香门第家庭，他的祖父和父亲都是物理学教授，使得贝克勒尔从小就在良好的教育氛围中长大。

1892年，贝克勒尔受德国物理学家伦琴发现了X射线的启发，从铀的化合物中发现了放射性的存在。由于贝克勒尔在毫无防护的情况下长期接触有危害性的放射物质，健康受到严重损害，50多岁就逝世了。然而，他的丰功伟绩以及为科学献身的精神，就像他所发现的放射性铀一样，永远放射着光辉。

把它们分别拿出暴晒，进行实验。最初的实验得到的结果是否定的，照相底片没有感光，发荧光和磷光的物质并不同时发射 X 射线。后来，他重新选择氧化铀作为主攻对象，这次他发现照相底片感光了。1896 年 2 月 24 日，他向法国科学院报告了这一发现，认为 X 射线与荧光有关。

尽管贝克勒尔已经找到了他所猜测的 X 射线与磷光物质之间的关系，但是他并没有中止实验。2 月 26 日，当他进一步做实验时，凑巧碰上了连绵的阴雨，他只好把实验的东西原封不动地锁进抽屉。5 天后，天放晴了，贝克勒尔继续中断的试验。一向严谨细心的他取出底片时，想预先检查一下实验品，没想到意外情况发生了：在没有阳光的情况下，底片不仅曝光而且上面又有很明显的铀盐的像。这说明铀本身在发光！第二天，又是科学院举行例会的时间，贝克勒尔在科学院的学术报告上公布了这一新发现。天然放射性的发现，标志着原子核物理学的开始。

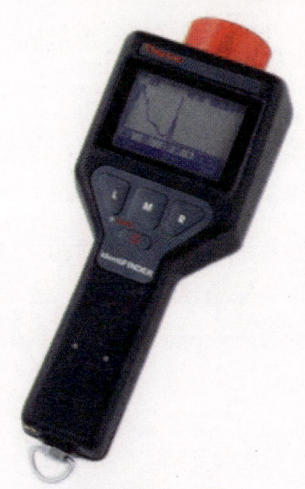

识别放射性仪器

此后，贝克勒尔一直继续他的研究工作，但是他只是着迷于铀，更确切地说是局限于铀，由于他认为发出辐射是铀的一种特殊性质，没有认识到这种性质的普遍性，在对铀做了全面的实验研究后，贝克勒尔对这种新的射线的兴趣逐渐减小了。尽管他的研究没有能够进一步深入下去，但是贝克勒尔所做的工作已经使人类的认识向微观领域又深入了一个层次，已经开拓了新的研究领域。科学界为了表彰他的杰出贡献，将放射性物质的射线定名为"贝克勒尔射线"。

贝克勒尔的磷光测定器

科学史上的伟大发现

镭钋

镭射线在医学方面有很多的用途,它能够有效地抑制、破坏繁殖迅速的癌细胞,其破坏能力比对正常健康组织的作用要大得多。只要对镭适当控制,就可以对癌症进行有效的治疗。现在,镭已经成为医生们与癌症作斗争的有力工具,为保持人的健康和延长病人的寿命起着越来越大的作用。总之,放射性镭的发现从根本上改变了物理学的基本原理,对于促进科学理论的发展和在实际中的应用,有着十分重要的意义。

贝克勒尔虽然发现了放射性,开拓了新的研究领域,但他没能意识到这项发现的深远意义。他只是写了报告,记录了实验过程及结果,没有去深究原因——这些射线究竟是什么,它从哪里来?一切到此为止。然而科学是永无止境的,贝克勒尔开创的新事业并没有真正停滞,将它引向深入的是一对科学史上著名的夫妇科学家——居里夫妇。

1896年,居里夫人为获得博士学位,审慎地选择着研究课题。贝克勒尔的一篇报告引起了她的关注。贝克勒尔称,铀和钠的化合物具有一种特殊的本领,能自动、连续地放出一种眼睛看不见的射线。居里夫人感觉这是一个非常难得的研究题目。次年,她正式确定了自己的研究方向。

铀射线的研究工作开始后,居里夫人细心地测试各种不同的化合物。在测量中,出现了一个十分意外的情况:在对铀和钍的混合物进行测量时,她观察到有些铀和钍的混合物的放射性辐射强度比其中铀和钍的含量所应发射的强度高出很多。经过反复考虑,她认为,这种反常现象只有一种合理的解释:就是那些矿石中必定含有少量还没有被发现的化学元素,同时这种元素是具有放射性的。皮埃尔·居里对这一大胆的设想表示赞同,同时,他也意识到这一研究的重要性,他毅然放下自己的研究课题,和居里夫人一起投入到寻找这种新元素的

1900年的关于镭的宣传画——用镭加热房间

中心人物

玛丽·居里(1867~1934),是一位原籍为波兰的法国科学家。她与她的丈夫皮埃尔·居里都是放射性的早期研究者,他们发现了放射性元素钋和镭,并因此与法国物理学家贝克勒尔分享了1903年诺贝尔物理学奖。之后,居里夫人继续研究了镭在化学和医学上的应用,并且因分离出纯的金属镭而又获得1911年诺贝尔化学奖。她因此而被世人亲切地称为"镭的母亲"。

艰巨的化学分析工作中。

居里夫妇用分离沥青铀矿的方法来寻找新元素，结果发现含已知元素铋和钡部分的放射性特别强。1898年7月，他们从含铋的部分中确认了一种新的放射性元素。为纪念玛丽的祖国波兰，这种新的放射性元素被命名为钋。到1898年年底，他们又从含钡的部分确认了另外一种新的元素，它是迄今为止他们所发现的放射性最强的未知元素。他们把它命名为镭，在拉丁文里为"放射"的意思。

将钋从铋中提纯出来要比把镭从钡中提纯出来麻烦得多，而且镭的放射性比钋要强，居里夫妇决定先从提纯镭开始。沥青铀矿中镭含量极其稀少，许多吨的矿石，需要经过混和、溶解、加热、过滤、蒸馏、结晶等一系列的工作，才可能分离出一克的极小份数和镭盐。为了提取纯镭，测定镭原子的原子量，向科学界证明镭的存在，他们夜以继日地努力工作。到1902年，通过45个月艰苦繁重的劳动，在数万次的提炼后，他们从数吨沥青铀矿渣中提炼出了0.1克纯净的氯化镭，在光谱分析中，它清楚地显示出镭的特有的谱线，与已知的任何元素的谱线都不相同。居里夫人还第一次测出它的原子量是225，其放射性比铀强200多万倍，这一科学的举措证实了镭元素的存在。

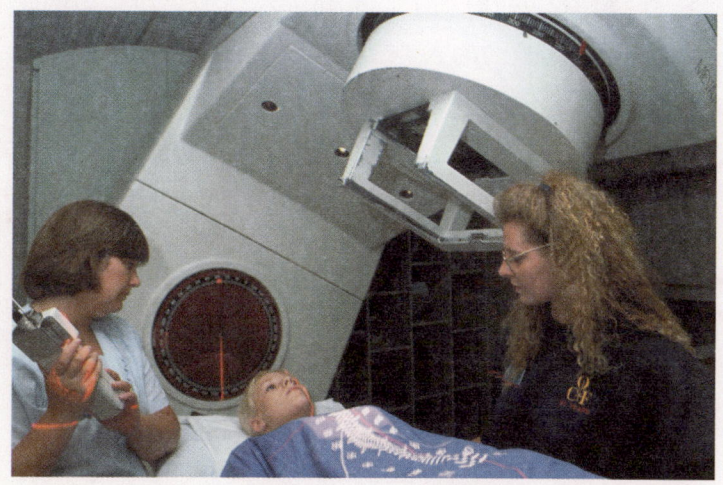

镭射线在医学方面的应用

正在做实验的玛丽

>> **更多介绍**

居里夫妇的科学功勋卓越，然而他们却极端蔑视名利。皮埃尔去世以后，有人建议她卖掉与皮埃尔在实验室里分离出的那0.1克镭以补贴拮据的经济，这在当时价值100万法郎。居里夫人毅然将镭献给了实验室，把它用于研究工作。她告诫女儿说："镭必须属于科学，不属于个人。"

科学史上的伟大发现

能量子假说

19 世纪末 20 世纪初,随着生产的发展和技术的提高,导致了物理实验上一系列重大发现。这些新的物理现象,把人们的注意力引向更深入和广阔的天地,与此同时,也暴露了当时经典物理理论中的巨大隐患,物理学体系面临着变革的严峻考验。量子论的诞生成了物理学革命的第一声号角,而这当中普朗克为黑体辐射问题而提出的能量子假说,则为量子理论的建立打响了第一炮。

热辐射是 19 世纪发展起来的一门新学科,它的研究得到了热力学和光谱学的支持,因此发展得很快。

1859 年,柏林大学教授基尔霍夫根据实验的启发,提出了黑体辐射的概念。所谓黑体是指一种能够完全吸收投射在它上面的辐射而全无反射和透射的、看上去全黑的理想物体。他认为用黑体来研究热辐射是一种非常理想的实验模型。这一观念为热辐射的深入研究提供了一条理想的思路,为了得出与实验相符合的黑体定律,许多科学家尝试了各种不同的方法。

1895 年,德国物理学家维恩从理论分析得出,可以用加热的空腔代替涂黑的铂片来代表黑体,实验表明这样的黑体所发射的辐射能量密度只与它的温度和频率有关,而与它的形状及组成物质无关。这一做法使得热辐射的实验研究又大大地推进了一步。1896 年,维恩根据热力学的普遍原理和一些特殊的假设提出一个黑体辐射能量按频率分布的公式,后来人们称它为维恩辐射定律。

同一时期,柏林大学的理论物理学家普朗克也加入了热辐射研究的行列。他用热力学方法研究黑体辐射理论。1899 年,他得到了一个和维恩辐射定律一致的关系式。随着实验的深入,普朗克发现维恩及他自己得出的辐射定律并不完全正确,公式在短波部分与实验中观察到的结果较为符合,但在长波部分就明显与实验不符了。

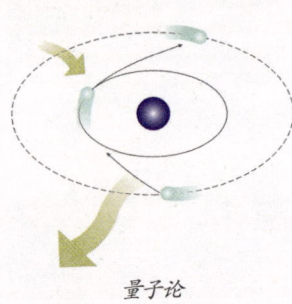

量子论

中心人物

马克斯·普朗克 (1858 ~ 1947),德国科学家,青年时期曾在柏林大学受教于名师基尔霍夫和赫尔姆霍茨。1888 年 11 月,他作为基尔霍夫的继任人到柏林大学讲授理论物理学。在此期间,他发现了黑体辐射定律,并由此提出能量子假说,为现代物理学基础量子论的建立作出了巨大贡献。1918 年,他获得了诺贝尔物理学奖。

正当普朗克尝试修改辐射公式时,1900年6月,英国物理学家瑞利发表论文批评维恩在推导辐射公式时引入了不可靠的假定。他把统计物理学的能量均分定理用于一个以太振动模型,导出了新的公式,即瑞利公式。这个公式在长波部分与观察一致,而短波部分则与实验大相径庭。

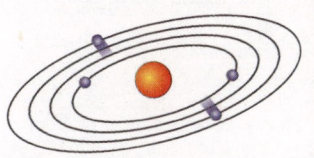

量子力学对原子内部电子运动的解释示意图

为了在黑体辐射的维恩公式和瑞利公式之间寻求协调统一,普朗克决定从理论上推导出一个普遍化公式的定律。受两个公式的启发,他采用内插的方法,很快就把代表短波方向的维恩公式和代表长波方向的瑞利公式综合到了一起,这也就是普朗克辐射定律。

10月19日,他在德国物理学会的会议上以《论维恩辐射定律的改进》为题报告了自己的结果,他指出:电磁振荡只能以量子的形式发生,并且量子的能量和频率之间存在一个确定的关系,它是一个自然的基本常数。作为理论物理学家,普朗克并不满足于找到一个经验公式,他要进一步探求这个公式的理论基础。

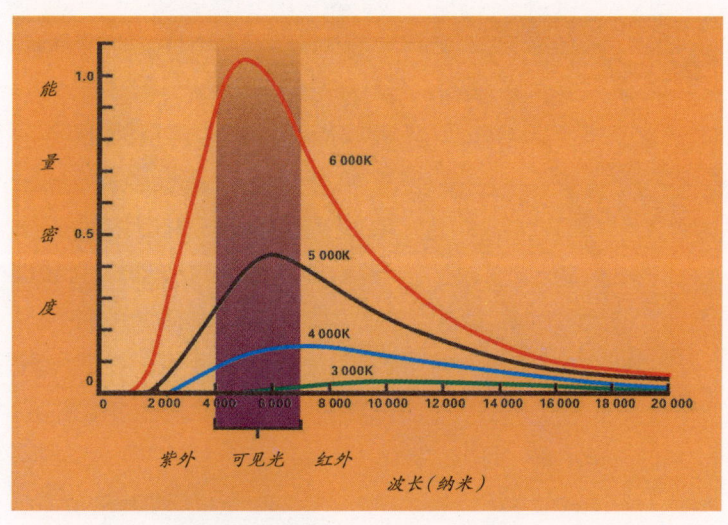

普朗克于1900年发现了隐藏在这些曲线中的量

为了从理论上推导这一新定律,普朗克又连续紧张地工作了两三个月,在1900年底时,他提出一个大胆的、革命性的假设:每个带电线性谐振子发射和吸收能量是不连续的,这些能量值只能是某个最小能量元 e 的整数倍,而每个能量元和振子频率成正比。由这一假设,普朗克推出了著名的黑体辐射公式。后来人们称 e 为能量子,称 h 为普朗克常数。12月24日,普朗克在德国物理学会上以《论正常光谱能量分布定律的理论》为题报告了自己的结果。

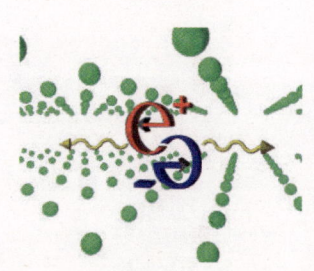

光的波粒二象性

从经典物理学的观点来看，微粒和波是两个相互排斥的概念，或者说波与微粒是两种截然对立的存在。一个东西要么是波，要么是微粒，即"非此即彼"。然而，经过证实，光和实体粒子都具有波动性和微粒性这两重不同的属性。波粒二象性的建立是人类对物质世界的认识的又一次飞跃，这一认识为波动力学的发展奠定了基础。

光学是一门古老的科学，关于光的本性问题也一直是许多科学家所努力探寻的。

17世纪70年代还由此引发了一场著名的争论。牛顿在剑桥对光学进行了为期3年的研究，最终形成了自己的学说，坚信光是一种粒子。站在他对立面的是英国皇家学会会员胡克和惠更斯。胡克认为光本质上是一种依靠以太媒质的振动而传播的波。他认为，只有把光看成波，才能完美地解释光的直线传播特性。

对于光的特性，惠更斯比胡克研究的还要深入。他认为光的波动既类似于水波，又类似于声波。光波是一种球面波，光在传播时形成一个个球面波向前传递。胡克和惠更斯用来批驳粒子说的共同武器是光的衍射现象。衍射被公认为是波的一种特性，当光的衍射现象被发现之后，光的波动性也顺理成章地得到了承认。

对于波动说提出的种种反对粒子说的例证，牛顿用粒子说进行了反驳。对于光的衍射现象，牛顿作了不同的解释，他认为：光的衍射现象的发生是因为光中的微粒经过物体边缘时受到物体引力，因而表现为光在物体边缘产生了弯曲，更能证明光是一种微粒。

关于光的本性的争论一直持续了很多年。最终，由于牛顿的微粒说能更好地解释光的各种现象，因而它得到了公认。至此，备受科学界关注的光的本性之争以牛顿粒子说的胜利而告一段落。这一学说在他去世之后一直占据了近100年的统治地位。直到1801年，由于微粒说无

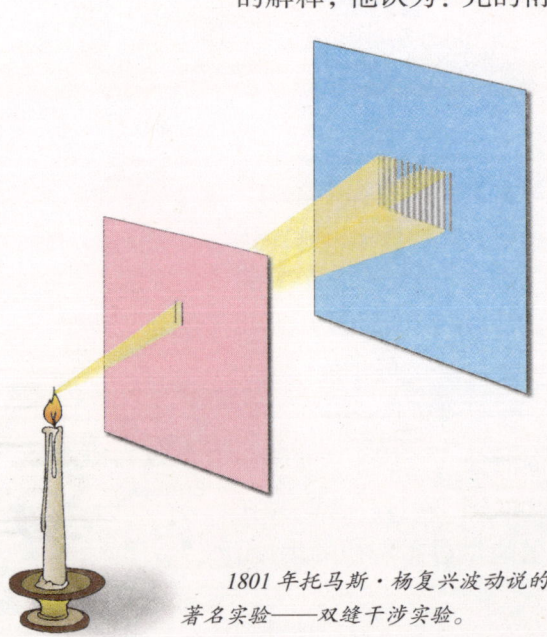

1801年托马斯·杨复兴波动说的著名实验——双缝干涉实验。

法解释托马斯·杨的实验，波动说又重新占了上风。

20 世纪初期，与牛顿同样伟大的另一位科学家爱因斯坦，受到 1900 年普朗克提出的量子概念的启发，将其推广到空间中的传播情况，提出了光的量子理论，证明了牛顿学说中光的粒子的存在，为牛顿的理论提供了有力的支持。爱因斯坦还综合了光的粒子说与波动说，辨证地提出光具有波动性与粒子性，即光既是一种波，同时也是一种粒子。

1905 年 3 月，爱因斯坦在德国《物理年报》上发表了题为《关于光的产生和转化的一个推测性观点》的论文。他认为对于时间平均值，光表现为波动；对于时间瞬间值，光表现为粒子性。这是历史上第一次揭示微观客体波动性和粒子性的统一，即波粒二象性。这一科学理论最终得到了学术界的广泛接受。

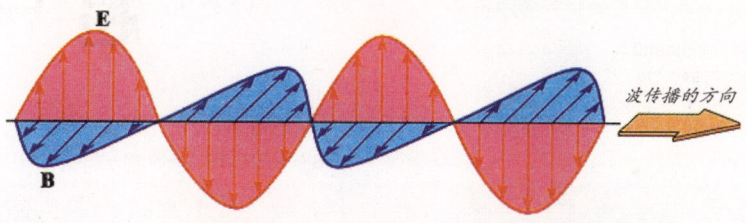

光的波动示意图

>> 更多介绍

17 世纪时，笛卡尔首次将源于希腊、用以代表组成天上物体的基本元素的以太一词引入科学，作为传播光的媒质。

他认为光也许是一种在以太媒质中的波，这是一种朦胧的波动概念。但与此同时，在《屈光学》一书中，笛卡尔又猜测光可能是由大量微小的、有弹性的小颗粒所组成的。由于粒子学说对后世的影响比较大，所以人们经常只谈到笛卡儿的粒子学说。

爱因斯坦

超导

电阻在我们的生活中充当的是一把兼具优缺点的双刃剑：白炽灯泡能亮是由于灯丝有电阻，电炉能烧饭也得归功于炉丝的电阻；但是，在输电线上，在电动机里，在电子器件中，电阻使电能产生白白的消耗，电阻越大，电的消耗也越大，在这种情况下，我们希望电阻越小越好，最好是没有。在昂纳斯以前，人们从未想到过导体的电阻可以变得一点也没有，但是他关于超导现象的发现却使得这一切变成了可能。

低温世界是一个魔术般的世界，把一束鲜花放在液态氮中一浸，拿出来向地上一摔，鲜花就会像玻璃一样破碎；把一只橡皮球放在液态氮里一浸后拿出，能像铃铛一样敲响；水银在低温下冻得比铁还硬，可以用锤子把它钉在墙上；在液氮中冻硬的面包，在漆黑的房间里竟能发出天蓝色的光辉……昂纳斯领导的实验室就是这样一个美丽的童话世界，同时，它也是世界上最冷的地方。虽然莱顿城里鲜花常开，但是实验室里制造出来的低温，比南极或北极的最低温度（—88℃）还要低几倍。

当时，科学家已经能把除了氦气以外的气体全部都变为液态。利用液态氢，已获得—253℃的低温，昂纳斯决心获得更低的温度。但是，要使氦气变成液态，困难还很大。例如在液体氦的温度下，连空气都会变成固体，如果不小心与空气接触，空气便会立刻在液体氦的表面上结成一层坚硬的盖子。不过，昂纳斯是不会被这点困难吓倒的。

低温实验室并不是一个拥有良好环境的地方，实验室里充满了管道，还有隆隆作响的真空泵。因为低温不是一下子就能获得的。必须沿着温度的台阶一步一步向下走，温度越低就越困难。昂纳斯先用液化氯甲烷达到—90℃，用乙烯达到—145℃，用氧气达到—183℃，用氢气达到—253℃。终于在1908年成功地实现了最

中心人物

卡末林·昂纳斯（1853～1926），荷兰莱顿大学低温物理学家。1882年，他被任命为莱顿大学的实验物理和气象学教授，在莱顿大学建立了低温实验室。20世纪初，该实验室成了世界闻名的低温研究中心。昂纳斯的主要科学成就是全面研究了低温下物质的特性，这些研究导致了液氦的生产和超导电性的发现。1913年，昂纳斯获诺贝尔物理学奖。

后一种永久气体——氦气的液化，得到了－269℃的低温。在这以后，他用液氦抽真空的方法，得到－272℃。

这个温度属于超低温，当时世界上只有莱顿大学的低温实验室可以得到这样的低温。昂纳斯和他的同伴在这得天独厚的条件下进行极低温度下的各种现象的研究。他们发现水银、铅、锡一般降温到该物质的特性转变点以下时，电阻会突然消失，变成超导电性物体。这就是说，在一个超导线圈中一旦产生了电流就会周而复始地流下去。因为电阻已经消失，电流不会在流动中衰减。昂纳斯把一个铅制的线圈放在液体氦中，铅圈旁放一块磁铁，突然把磁铁撤走，根据法拉第的电磁感应，铅圈内便产生了感应电流。果然，在低温的条件下，电流不断地沿着铅圈转起来，就像一匹不知疲倦的马一样。

超导演示实验

1911 年，从莱顿大学低温实验室里终于传出惊人的消息：水银在－269℃的条件下，它的电阻消失了！这种现象物理学称为超导现象。1913 年，昂纳斯因为这项重大的发现获诺贝尔奖。

1954 年 3 月 16 日的一次类似实验，电流持续了长达两年半的时间，一直到 1956 年 9 月 5 日才由于液态氦供应不上而终止。理论计算表明，如果保持这种低温条件，电流就是流 10 万年也不会衰减。

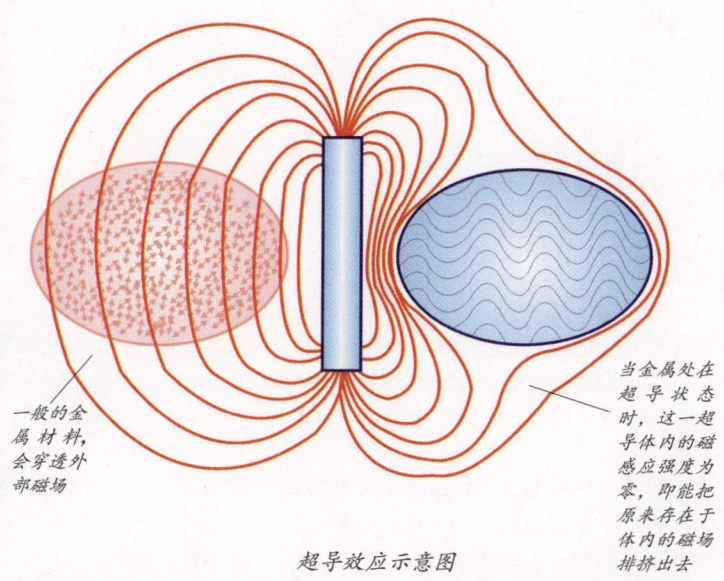

一般的金属材料，会穿透外部磁场

当金属处在超导状态时，这一超导体内的磁感应强度为零，即能把原来存在于体内的磁场排挤出去

超导效应示意图

>> 更多介绍

超导的研究成果已在科研、医疗、交通、通信、军事、电力和能源等领域得到了应用。高温超导材料的用途非常广阔，大致可分为三类：大电流应用（强电应用）、电子学应用（弱电应用）和抗磁性应用。大电流应用在于超导发电、输电和储能；电子学应用包括超导计算机、超导天线、超导微波器件等；抗磁性主要应用于磁悬浮列车和热核聚变反应堆等上面。

原子核

科学史上的伟大发现

在探索原子奥秘的征途中，发现电子是一大进展，发现原子核又是一大进展，它们都是近代物理学发展中的里程碑。只有在发现了电子和原子核之后，才有可能建立正确的原子理论，对光谱作出合理的解释。卢瑟福的方法和理论开辟了一条正确研究原子结构的途径，为原子科学的发展树立了不朽的丰碑。

在19世纪末，物理学上爆出了震惊科学界的"三大发现"：1895年，德国物理学家伦琴发现了X射线，同一年，法国物理学家贝克勒尔发现了天然放射性；1897年，英国物理学家汤姆逊发现了电子。这些伟大发现激励了卢瑟福，使他决心对原子结构进行深入研究。

1906年，卢瑟福开始研究原子内部结构。他认为，要了解原子内部的情形，最好的办法是把它砸开。他们选择α粒子的核作为砸开原子的子弹。射击α粒子的枪是极少量的镭。镭是放射性元素，它连续不断地放射出α粒子。镭放在一个仅开一个小口的铅容器里面，让α粒子射出。

1909至1911年间，卢瑟福和他的合作者们做了用α粒子轰击金箔的实验，然而实验却得到了出乎意料的结果。绝大多数α粒子穿过金箔后仍沿原来的方向前进，少数粒子却发生了较大的偏转，并且有极少数粒子偏转角超过了90°，有的甚至被弹回，偏转角几乎达到180°。这种现象叫做α粒子的散射。实验中产生的α粒子大角度散射现象，使卢瑟福感到惊奇。因为这需要有很强的相互作用力，除非原子的大部分质量和电荷集中到一个很小的核上，否则大角度的散射是不可能的。

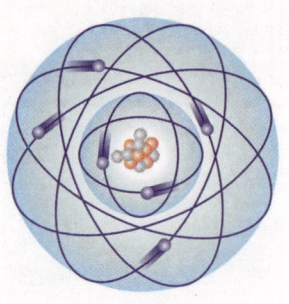

原子模型

中心人物

20世纪初最伟大的实验物理学家欧内斯特·卢瑟福（1871～1937）毕业于新西兰大学和剑桥大学，长期在英国工作。在放射性和原子结构等方面，作了许多贡献：1899年，发现放射性辐射中的两种成分：α射线和β射线；接着发现新的放射性元素钍；1930年证实α射线为正离子流，β射线为电子流；1902年与英国化学家索迪一起提出原子自然蜕变理论；1911年根据α粒子的散射实验，发现原子核的存在，据此提出原子结构的模型；1919年用α粒子轰击氮原子而获得氧的同位素，第一次实现了元素的人工嬗变，并发现了质子；1920年，提出中子假说，后被查德威克所证实。卢瑟福一生发表论文约215篇，著作6种，培养了10位诺贝尔奖获得者，其中包括玻尔、查德威克等著名物理学家。1931年，被英王授予勋爵桂冠。

在反复实验研究的基础上，卢瑟福于 1911 年公布了他的原子模型构想：原子里有一个很重的中心，叫做核。离核很远，绕着核飞快旋转的是电子，每一个电子都在一种确定的轨道上运行着。卢瑟福拿原子的结构跟太阳系比。他说，原子核是原子的中心，正像太阳是太阳系的中心一样。电子隔着很远的距离沿轨道绕着中心旋转，正像行星隔着很远的距离沿着轨道绕着太阳旋转一样。

经过进一步的实验，卢瑟福提出了一个更完整的原子模型：原子的中央是由很重的带正电的质子构成的核，原子重量几乎都集中在原子核上，远离这个核的是很轻的带负电的电子。在此基础上，卢瑟福提出原子的有核结构。1919 年，卢瑟福在用 α 粒子轰击氮原子核的实验的时候，确定了质子的存在。

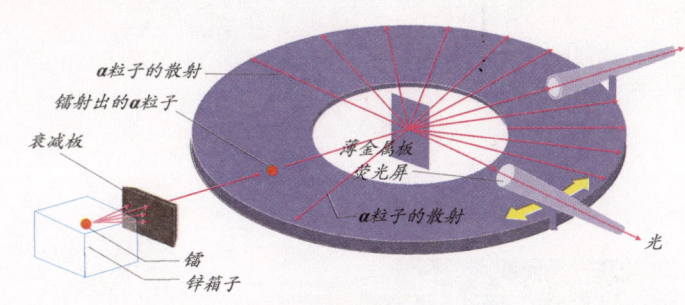

卢瑟福的实验示意图

1932 年，英国物理学家查德威克在研究玻特和贝克尔发现的穿透力很强的射线中确定了中子的存在。这样原子核是由质子和中子构成则被人们所公认，并且不同类的原子核内质子数是不同的；每一个质子带一个电位的正电荷，中子不带电。从此，原子核结构的序幕被拉开了。

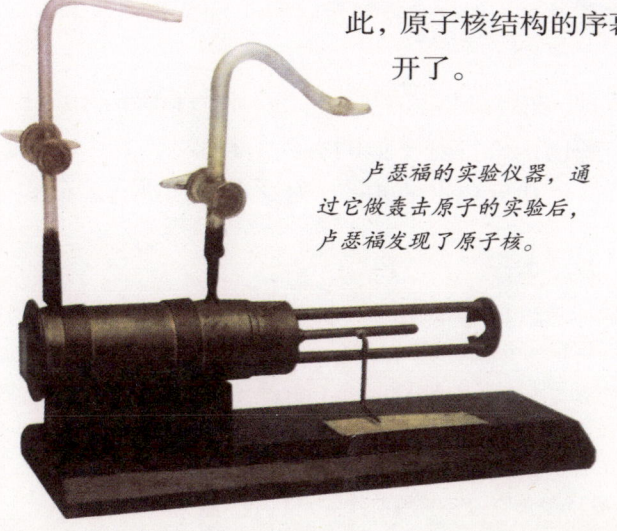

卢瑟福的实验仪器，通过它做轰击原子的实验后，卢瑟福发现了原子核。

>> **更多介绍**

卢瑟福采用 α 粒子散射实验的做法如下：在一个小铅盒里放少量的放射性元素钋，它发出的 α 粒子从铅盒的小孔射出，形成很细的一束射线射到金箔上。这东西虽然很薄，但原子非常小，金箔还是比原子厚 2 000 倍以上。α 粒子穿过金箔后，打到荧光屏上产生一个个闪光。整个装置放在一个抽成真空的容器里，荧光屏和显微镜能够围绕金箔在一个圆周上转动。

科学史上的伟大发现

中子

中子是人们发现的一种重要的基本粒子，是原子核的组成部分。在原子物理学的发展中，中子的发现是一件划时代的大事，它澄清了原子核的基本结构，为核模型理论奠定了基础，加速了原子核物理的长足发展。由此也激发了一系列新课题的研究，引起一连串的新发现。因此，我们可以这样说：中子的发现打开了原子核的大门，缔造了这项研究的新时代。

1920年，英国物理学家卢瑟福曾在著名的贝克尔演讲中作出"原子核内可能存在着质量与质子质量相同的中性粒子"的理论预言。为了检验卢瑟福的假说，卡文迪什实验室从1921年就开始了实验探索工作。

接手这项工作的正是查德威克。1923年，他得到卢瑟福的赞同，用游离室和点计数器作为检测手段，尝试在大质量的氢化材料中检测γ辐射的发射。在初步作了这些尝试之后，查德威克考虑到中子只有在强电场中形成的可能性，但没有合适的变压器可用。正当查德威克着手进一步开展探讨中子的研究时，柏林的玻特和巴黎的约里奥·居里夫妇相继发表了他们的实验结果。

从1928年起，德国物理学家玻特和他的学生贝克尔就开始用钋发射的α粒子轰击一系列轻元素，发现α粒子轰击铍时，会使铍发射穿透能力极强的中性射线，强度比其他元素所得要大过十倍。用铅吸收屏研究其吸收率，证明这种中性辐射比γ射线还要硬。1930年，他们率先发表了这一结果，并断定这种贯穿辐射是一种特殊的γ射线。

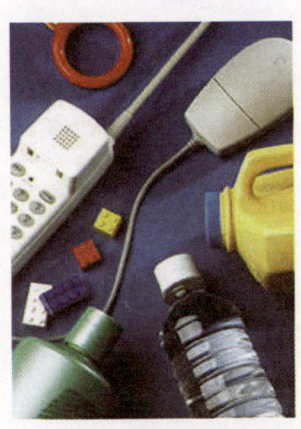

中子散射将帮助科学家们确定最佳的聚合物混合以便生产出高质量的塑料产品。

同时，在巴黎居里实验室，法国物理学家约里奥·居里夫妇也正进行着类似的实验。1932年1月，他们重复了玻特和贝克尔的实验，对这种射线进行了研究。

中心人物

詹姆斯·查德威克（1891～1974），英国最杰出的核物理学家之一，卢瑟福的学生和同事。1911年，他在曼彻斯特大学毕业后，留校在卢瑟福实验室研究放射性。从1921年就开始用实验探索卢瑟福所预言的中子。前后12年，经历了许多曲折，终于获得了成功。他关于中子的发现是之后全部核物理学发展的基础，查德威克因此而荣获了1935年的诺贝尔物理学奖。

他们在铍板和测量仪器之间放置各种物质。结果发现，把石蜡板插入后，仪器所记录到的效应要比插入前强得多；而且记录到的是质子。没有石蜡板时，是不带电的射线。这表明石蜡在这种铍射线照射下，会发射出大量质子。他们肯定了石蜡发出的是质子流，遗憾的是，他们没有摆脱玻特的错误解释，也把铍辐射看成是γ射线。1月18日，他们发表了相关实验结果和评论。由于他们对理论的轻视，使他们白白失去了一次发现中子的机会。

约里奥·居里夫妇的实验结果引起了查德威克的注意，但他并不同意居里夫妇的解释。在铍辐射的研究中，查德威克用这种射线先后辐射轻、重不同的几种元素，结果发现射线的性质与通常的γ射线有所不同。当这种射线轰击氢原子和氮原子时，打出了一些氢核和氮核。由此，他断定这种射线不可能是γ射线。因为通常的γ射线照射到物质上时，物质密度越大，对γ射线吸收得越厉害，而这种射线性质刚好相反，密度越小的物质越容易吸收它。

当查德威克用这种射线轰击氢原子核时，发现它被反弹回来，说明这种射线是具有一定质量的中性粒子流。通过对反冲核的动量测定的结果，再利用动量守恒定律进行估算，确定出这种射线中性粒子的质量几乎与质子的相同。查德威克这时才意识到原来玻特和贝克尔最先观察到的这种辐射应当就是卢瑟福所提出的质子与电子的复合体。他沿用了美国化学家哈金斯的中子这个名称作为对这种粒子的正式命名，并在1932年的《自然》杂志上发表了《中子可能存在》的论文。

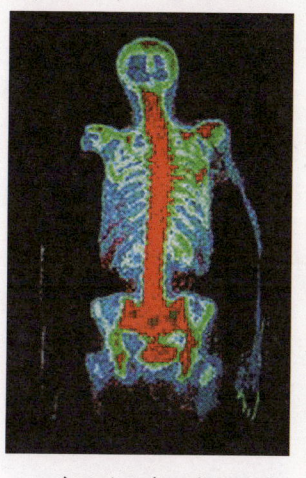

中子被用来研究人体骨质矿化和骨质疏松，有助于设计测试治疗骨质疾病的药物。

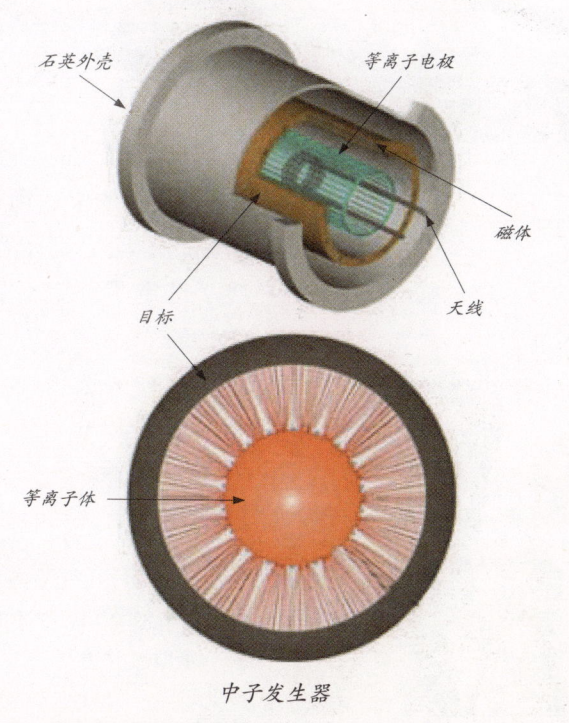

中子发生器

激光

激光是一项造福人类的伟大发现，从诞生至今，短短的几十年时间，其影响力就渗透到工业、农业、科研、国防、医疗和生活的各项领域，与人们生活的方方面面息息相关。未来世界是光和电的天地，激光作为光电子学中一门应用性和渗透性极强的技术，将稳稳地站在当代科学技术的前沿，照亮21世纪更广阔的领域。

激光是神奇的，但它不是普罗米修斯从天上偷来的圣火。激光是人造的，但它不是常人随心所欲可以制造出来的。激光的发现以及到最后被广泛运用，是众多科学家付出艰辛努力的结果。

1958年，美国物理学家查尔斯·汤斯和他的同事肖洛在《物理评论》杂志上发表了他们关于《受激辐射的光放大》的重要论文，文中称：物质在受到与其分子固有振荡频率相同的能量激励时，都会产生不发散的强光——激光。这一理论奠定了激光发展的基础。这项研究成果发表后，汤斯和肖洛并没有继续进行研究和实验，这项研究成果最终被美国加利福尼亚州休斯航空公司实验室里一个名不见经传的年轻研究员——西奥多·梅曼利用了。

汤斯曾预言，微波激射器的原理，在一定的条件下可以产生激光。梅曼决心亲自实践这一预言。他花了两年时间从事这方面的研究，还动手制作有关的装置，选择各种工作物质。他终于选定了红宝石晶体（在刚玉中掺入铬离子）作为工作物质。

这样的选择在当时是一个颇为大胆的尝试，因为当时的理论界对红宝石晶体发光的可能性是持否定态度

激光手术刀

中心人物

西奥多·梅曼，1927年2月生于美国加利福尼亚州的洛杉矶。1955年获得斯坦福大学博士学位后，梅曼来到休斯公司研究实验室工作。在这期间，他利用自制成的"受激辐射光放大器"观察到了第一束激光。梅曼也因此而成为世界上第一个将激光引入实用领域科学的人。

的。但是梅曼坚定了自己的选择。他通过实验测量了红宝石晶体的量子效率，分析了红宝石晶体达到能级粒子数反转的条件。他将红宝石晶体材料做成一个直径1厘米、高2厘米的圆柱体，将两端仔细磨成平行的平面，并镀上了银，构成谐振腔。他把它嵌入一个螺旋型的脉冲闪光灯内，使红宝石晶体接上了泵浦源。这样，他完成了世界上第一台即将产生激光的——被他称为"受激辐射光放大器"的装置。这个装置就是世界上出现的第一台激光器。

奇迹终于出现了，1960年5月的一天，梅曼和往常一样来到实验室。他打开了泵浦源的开关，让脉冲氙灯的电能馈入红宝石中，此时，这台装置中发射出了第一束闪光。这束光，色单纯，所有的波都在同一个方向上；发射到几千千米以外也不会因发散而失去作用；聚焦到某一点上可以达到极大的能量，甚至可以超过太阳表面的温度值。这束光，就是人类有史以来所获得的第一束最特殊的光——激光！

梅曼平静地写下了实验记录：红色，波长694.3纳米。1960年5月15日，梅曼宣布了这个记录。这一束在试验室第一次制得的人造激光，虽然仅持续了3亿分之一秒的时间，但它却标志着人类文明史上一个新时刻的来临。

激光扫描识码器

>> 更多介绍

受爱因斯坦受激辐射理论的启发，美国物理学家查尔斯·汤斯研制成了微波激射器，它是世界上第一个发射微波的激射器，是激光的先驱。1958年，在对激射器做深入研究时，汤斯和他的学生兼同事阿瑟·肖洛发现了一种神奇的现象：当他们将灯泡所发射的光照在一种稀土晶体上时，晶体的分子会发出鲜艳的、始终会聚在一起的强光。根据这一现象，他们提出了激光原理，即物质在受到与其分子固有振荡频率相同的能量激励时，都会产生这种不发散的强光——激光。

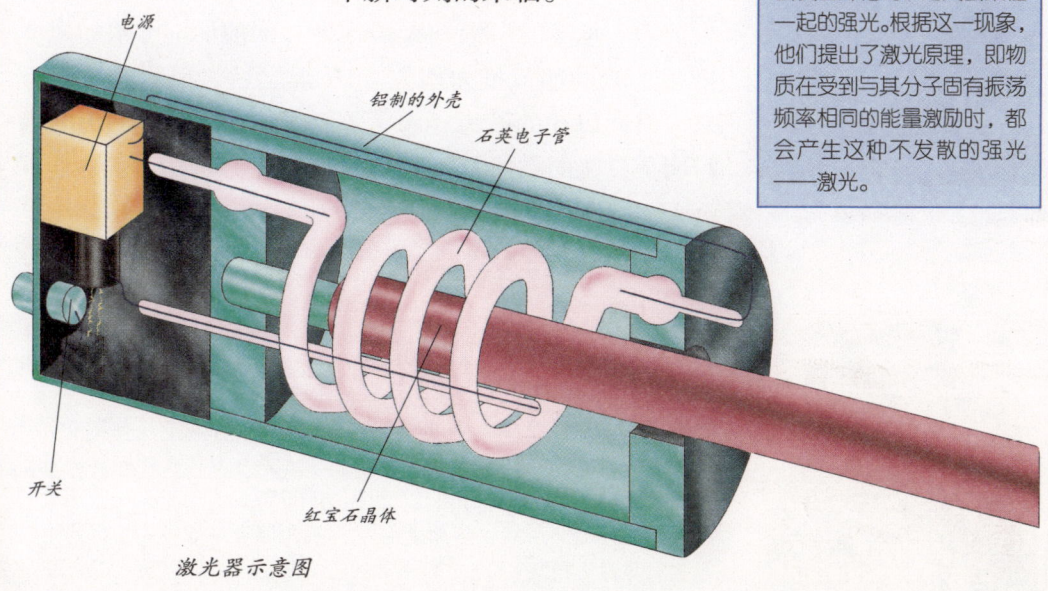

激光器示意图

科学史上的**伟大发现**

好望角

在迪亚士之前，西欧还没有人从海路到过东方——印度和中国。著名的航海家迪亚士，经过艰难险阻，第一个发现了经好望角通向东方的海路，为打开西欧与东方的航道作出了贡献。

从很早的时候起，欧洲人就开始从东方进口各种香料和珠宝。不过，那时和东方的直接贸易都控制在阿拉伯人和意大利人手中，因此，欧洲人不得不为此付出高价。到了15世纪，欧洲人开始寻找直接和东方进行贸易的途径。其中，航海业已经相当发达的葡萄牙表现得最为积极。

迪亚士到达好望角

好望角

1487年7月，32岁的巴托罗缪·迪亚士奉葡萄牙国王之命，率3艘探险船沿非洲西海岸南下。去寻找绕过非洲南端进入印度洋的航路。船队沿非洲海岸南行，开始时十分顺利，他们没有多长时间就到达了西南非洲海岸中部的瓦维斯湾。但是，他们不久就发现，在继续往南的航行中，海岸线变得越来越模糊。为了加快行速，迪亚士命令贻误船速的食物船先行独自返航。

正当他们为航行顺利而庆幸时，船队遇上了一场大风暴，咆哮的海浪铺天盖地地扑向船队。可怕的风暴把落了帆的船只推向南方。10天之后，风暴才平息下来。根据以往的航海经验，迪亚士知道，沿非洲大陆南行时，只要向东航行就必然会停靠在海岸边。于是他下令调转方向，向东航行！

好望角上风暴

中心人物

巴托罗缪·迪亚士（1450～1500），出生于葡萄牙一个王族世家，青年时代就喜欢海上探险活动，曾经随船到过非洲的一些国家，有着丰富的航海经验。他一直希望自己能够成为首个开辟东方贸易航线的航海家。1488年，他发现了位于大西洋与印度洋交界的好望角，因而被人们誉为"好望角之父"。1500年，迪亚士又一次率领大型船队绕好望角航行，不幸遇到了风暴，好望角最终成了他的绝望之角和葬身之所。

科学史上的伟大发现
Great discovery in Science history

船队连续向东航行了好几天。可是，他们并没有看到预料中会出现的非洲海岸线，反而似乎越来越远了。面对这样的情况，迪亚士以其丰富的经验分析，他认为船队很可能已经绕过非洲的最南端了，所以越向东航行反而离大陆越远。于是，他下令调转船头，向北前进！

果然，几天后他们又看见了陆地的影子，不久就抵达了现在的莫塞尔湾。这时，迪亚士发现，海岸线缓缓地转向东北，向印度的方向伸去。至此，迪亚士完全确信：船队已经绕过非洲最南端，来到了印度洋。只要再继续向东航行，就一定可以到达神秘的东方。

迪亚士想继续前进，但船员们已经很疲倦，要求返航，而且粮食和日用品也所剩无几了。于是，他只好下令掉转船头，返回葡萄牙。在返航途中，迪亚士又经过上次遇到风暴的地方——非洲大陆的最南端。他想了想，给它取名叫风暴角。

1488年12月，迪亚士回到里斯本，向葡萄牙国王报告了航海过程。国王非常高兴，可又觉得风暴角这个名字不太吉利，于是把它改名为好望角，意思是绕过这个海角就有希望到达富庶的东方了。

好望角的狂涛大浪

>> **更多介绍**

翻开世界地图我们可以看到：非洲大陆像一个大楔子，深深嵌入大西洋和印度洋之间。它的最尖端，就是曾经令无数航海家望而生畏的"好望角"。好望角曾被认为是世界最远处，至今仍为全球人士所希望到达的地方。今天，它已成为欧洲人进入印度洋的海岸指路标、穿梭往返欧亚之间船只的必经之地，许多游客前来这里观光游览，欣赏这里优美的风景、喧嚣澎湃的海浪以及美丽的海滩。不过，受特殊地理位置的影响，好望角海域几乎终年狂风呼啸，怒涛汹涌。遇难的海船难以计数，以致有"好望角，好望不好过"的说法。

美洲大陆

中国指南针的外传，欧洲造船业和航海术的发达，为远洋航行和开辟新航路提供了条件。哥伦布的远航是大航海时代的开端。新航路的开辟，改变了世界历史的进程。它使海外贸易的路线由地中海转移到大西洋沿岸。从那以后，西方终于走出了中世纪的黑暗，开始以不可阻挡之势崛起于世界，并在之后的几个世纪中，迅速成为海上霸主，一种全新的工业文明由此成为世界经济发展的主流。

葡萄牙人哥伦布从幼年时期开始就热爱航海冒险，他读过《马可·波罗游记》，十分向往东方富庶的印度和中国。当时，地圆说已经很盛行，哥伦布也深信不疑。为此，他先后花了十几年的时间向葡萄牙、西班牙、英国、法国等国国王请求资助，以实现他向西航行到达东方国家的夙愿。不过，直到1492年，西班牙女王才慧眼识英雄，同意资助他去东方探险。他们之间签订了名为《圣大菲协定》的航海协议，女王授予他"海上大将"的称号，任命他为所发现的岛屿和陆地的总督，并允许他从这些地方的产品和投资所得中抽取一定收入作为报酬。

1492年8月，哥伦布携带西班牙王室致中国皇帝的国书，率领"圣玛丽亚"号、"平塔"号和"尼尼亚"号3艘船、船员90人，从西班牙西南海岸的帕洛斯港出发，向西航行，开始了他横穿大西洋的探索航路。

一个多月过去了，除了浩瀚的大海，追逐船只的海鸥，丝毫不见陆地的影子，富有航海经验的水手们开始怀疑，甚至纷纷要求返航。哥伦布顶住了船员们的巨大压力，在惊涛骇浪的侵袭中继续奋勇向前。

他的坚持终于赢来了奇迹。10月12日凌晨，在塔楼瞭望的水手终于发现了一片陆地。黎明时分，船队靠上一座岛屿。航行了两个多月，他们第一次遇到了陆地。

这个岛屿是巴哈马群岛中的一个小岛。哥伦布高举西班牙国王的旗帜，宣布此地为西班牙国王所有。并给这座岛屿取了一个基督教名字：圣萨尔瓦多，即"救世

中心人物

克里斯托弗·哥伦布（1451～1506），西班牙著名航海家，是地理大发现的先驱者。哥伦布年轻时就是地圆说的信奉者，他十分推崇马可·波罗，立志要做一个航海家。他在1492年到1502年间4次横渡大西洋，发现了美洲大陆，他也因此成为名垂青史的航海家。

主"。

　　船队绕岛一周，发现这里并不是理想中的黄金产地，于是，船队继续向南航行。几天后，他们到达巴哈马君岛中最大的古巴岛，哥伦布认为这就是传说中的中国。按照已有的地图，它的东方应该就是日本了。船队转而向东寻找富饶的日本。他们登上了海地岛，哥伦布见岛上树木葱郁，山川秀丽，貌似西班牙，便将其命名为"小西班牙"。之后的圣诞节那天，由于航行不慎，最大的一只船"圣玛利亚"号触礁沉没，哥伦布只得无奈地停止前行。

哥伦布第一次航海时用的"圣玛丽亚"号

　　1493年初，哥伦布率领剩下的两只船从海地岛返航，借着强劲的西风，3月15日回到帕洛斯港，受到了西班牙民众的热烈欢迎。这次航行是人类历史上首次横渡大西洋成功，它为以后全部发现美洲大陆奠定了基础。

　　后来，在西班牙国王资助下哥伦布又向西航行了3次，先后到达过中美洲和南美洲的一些海岸。那时候，葡萄牙人已经到了真正的印度，开始掠夺亚洲的财富。

>> 更多介绍

　　自始至终哥伦布都把他发现的地方当作印度，即便到他去世的那一刻他都认为自己到了印度。因此，他称自己见到过的土著人为印第安人——印度居民。后来，一个意大利航海家亚美利哥到美洲考察，才发现这不是印度，而是一块不为欧洲人所知晓的新大陆。于是，这块陆地便用发现者的名字命名，被称为"亚美利加州"（即美洲）。

哥伦布登上圣萨尔瓦多岛，跪倒在沙滩上感谢上帝的恩赐。

印度航线

由于《马克·波罗游记》对中国和印度的精彩描述，使西方人认为东方遍地是黄金、财宝。为了满足对黄金的贪欲，欧洲的封建主、商人、航海家开始冒着生命危险远航大西洋去开辟到东方的新航路。最终，葡萄牙航海家达·伽马成功地开辟了西欧到印度的新航线，打破了长期以来世界上各个国家、地区和民族之间相对隔绝的状态，促进了西欧封建制度的解体和资本主义的成长。但与此同时，欧洲殖民者也开始了对亚、非、美洲的殖民活动，给殖民地人民带来了无尽的灾难。

1492年，哥伦布航行到了美洲，带回了大量的黄金和珍宝，巨额的利润刺激了葡萄牙国王，他决定重新开辟一条通往东方的航线。其实，葡萄牙人在西班牙派人向西航行的同时就在不断地向西航行。早在1487年，葡萄牙人迪亚士就在国王的鼓励下，

达·伽马坚决拒绝部下的恳求，继续航行。

组织船只沿着非洲海岸向南航行，到达非洲最南部的好望角。这一次，葡萄牙国王把这个重大政治使命交给了富有冒险精神的达·伽马。

1497年7月，达·伽马率领四艘船共计140多名水手，由首都里斯本起航，踏上了去探索通往印度的航程。开始他循着10年前迪亚士发现好望角的航路，迂回曲折地驶向东方。水手们历尽千辛万苦，整整航行了4个月时间终于抵达了好望角。

好望角犹如一个死亡角，向前将遭遇到可怕的暴风袭击，水手们无意继续航行，纷纷要求返回里斯本，而此时达·伽马则执意向前，宣称不找到印度他决不罢休。在遭受3天3夜狂浪骤雨的袭击之后，船队终于绕过好望角，闯出了惊涛骇浪的海域，进入了印度洋。

船队从那里折向北航行，1498年4月，来到肯尼

中心人物

瓦斯科·达·伽马（约1460～1524），葡萄牙航海家。他出身于葡萄牙境内阿连特如的一个贵族家庭，自幼在海边长大，喜欢听航海故事和有关非洲西海岸的见闻。达·伽马努力学习数学和航海知识，准备投身于航海活动。1497年，达·伽马奉葡萄牙国王之命，探索通往印度的航路。他最终成为第一位完成从西欧经非洲南端到印度航行的欧洲人。

亚的马林迪。在这里，达·伽马一行受到马林迪酋长的热情接待，酋长还为他们提供了一名理想的导航者。在那位阿拉伯航海家的指引下，达·伽马船队从马林迪起航，横渡浩瀚的印度洋之后，于5月20日到达印度南部大商港卡利卡特。而该港口正好是半个多世纪以前，我国著名航海家郑和所经过和停泊的地方。

达·伽马在这里树立了一根显示葡萄牙权力的标柱，结果遭到当地人的强烈抵制，而那些长期垄断这里贸易的阿拉伯商人，也把他们视作自己的竞争对手，并逼迫他们离开。1498年8月，达·伽马在购买了大批的香料、丝绸、宝石和其他东方特产后，就匆匆返航了。

第二年9月，达·伽马一行回到首都里斯本，受到了葡萄牙全国上下的隆重欢迎。据说，达·伽马此次航行带回来的东方珍品的价值是全部航行费用的60倍以上。达·伽马因此被誉为"葡萄牙的哥伦布"。

达·伽马的航行标志着西欧直通印度的新航路开辟成功，这对欧、亚两洲商业和航运业的发展起了巨大的促进作用。

>> 更多介绍

由于新航路的发现，自16世纪初以来，葡萄牙首都里斯本很快成为西欧的海外贸易中心。葡萄牙、西班牙等国的商人、传教士、冒险家云集于此，从此起航去印度、去东方掠夺香料，掠夺珍宝，掠夺黄金。这条航道为西方殖民者掠夺东方财富而进行资本的原始积累带来了巨大的经济利益。正因为如此，西方人直至400年后的1898年，仍念念不忘达·伽马对开辟印度新航道的贡献而举行大规模的纪念活动。

16世纪的葡萄牙船只

首次环球航行

科学史上的伟大发现

麦哲伦的首次环球航行在航海史上具有非常重大的意义。这次历时3年、行程8万千米、航迹面积达4.22亿平方千米的航行,在当时创造了航程最长、历时最久、航迹面积最广的记录,并且首次证明了"地圆说"的正确性,它把业已开始的地理大发现推到了最高潮。恩格斯曾对此做过高度概括:"世界一下子大了差不多10倍;现在展现在西欧人眼前的,已不是一个半球的四分之一,而是整个地球了……"

美洲大陆发现后,为获取更多的黄金、香料,西班牙航海者继续寻找新的黄金宝地。1513年,巴尔波亚从北向南穿越了巴拿马海峡,在山顶望见太平洋水面,称之为"大南海"。这一发现为麦哲伦的环球远航开辟了道路。

受地圆学说的影响,麦哲伦一直热衷于向西航行。1517年,麦哲伦的环球航行的计划得到西班牙国王的批准。1519年9月,麦哲伦率领一支由200多人、5艘船只组成的浩浩荡荡的船队,从西班牙塞维利亚城的港口出发,开始了环球远洋探航。

经过两个多月的海洋漂泊,船队越过大西洋来到巴西海岸。船队沿海岸向南继续航行,在1520年1月来到了一个宽阔的大海湾。大家以为已到达了美洲的南端,可以进入新的大洋了。然而随着船队在海湾中的前进,发现海水变成了淡水,原来此处只是一个宽广的河口。

船队继续向南前进。南半球与北半球的季节刚好相反,三月的南美洲已临近冬季,风雪交加,航行极其困难。月底,船队来到圣胡利安港,并在这里抛锚过冬。

经过近5个月的休整,到了风和日丽的8月,麦哲伦又率领船队出发了。由于有一艘船在5月份的探航中沉没,此时只剩下4条船了。两个月后,船队在南纬52度处又发现了一个海口。这个海峡弯弯曲曲,忽窄

中心人物

费尔南德·麦哲伦(1480~1521),葡萄牙著名航海家和探险家。生于一个败落的骑士家庭,10岁左右进入王宫服役,充当王后的侍从,16岁时进入葡萄牙国家航海事务厅,因而熟悉了航海事务的各项工作。1505年,麦哲伦参加了海外远征队,从此开始了他远洋探航的生涯。他从西班牙出发,绕过南美洲,发现麦哲伦海峡,然后横渡太平洋。他的船只继续西航回到西班牙,完成第一次环球航行,被认为是第一个环球航行的人,证实了柏拉图的"地球是圆的"的猜想。

忽宽，波涛汹涌。麦哲伦派出一艘船去探航，然而这艘船却调转船头逃回了西班牙。麦哲伦只好率领着剩下的3条船像钻迷宫似的在海峡中摸索着前进。麦哲伦以坚强的意志率领船队前进。在这个海峡迂回航行1个月后，他们终于走出海峡西口，见到了浩瀚的大海。为了纪念麦哲伦这次探航的功绩，后人把这条海峡命名为"麦哲伦海峡"。船队在这片大洋中航行了3个多月，海面一直风平浪静。因此，他们就为它取了个名字叫"太平洋"。

此时，船队已濒临水尽粮绝的危险，疲乏虚弱的船员们忍受着饥饿的折磨，但麦哲伦还是无情地下了决定——进行横渡太平洋的伟大航行。借助于秘鲁洋流的推动，1521年3月初，船队终于来到了富饶的马里亚那群岛，受到当地居民的热情款待。3月底船队来到了菲律宾群岛。

为征服这块盛产香料的富饶土地，满怀野心的麦哲伦企图利用当地部族间的矛盾来达到他的目的，然而在一次与当地部族的冲突中，他被人杀害了。麦哲伦死后，只有两条船到达摩鹿加，只有"维多利亚"号于1522年9月在埃尔卡诺指挥下回到西班牙。埃尔卡诺从太平洋绕好望角回到大西洋，证明地球是圆的。

麦哲伦与菲律宾的当地土著居民进行战争的场面

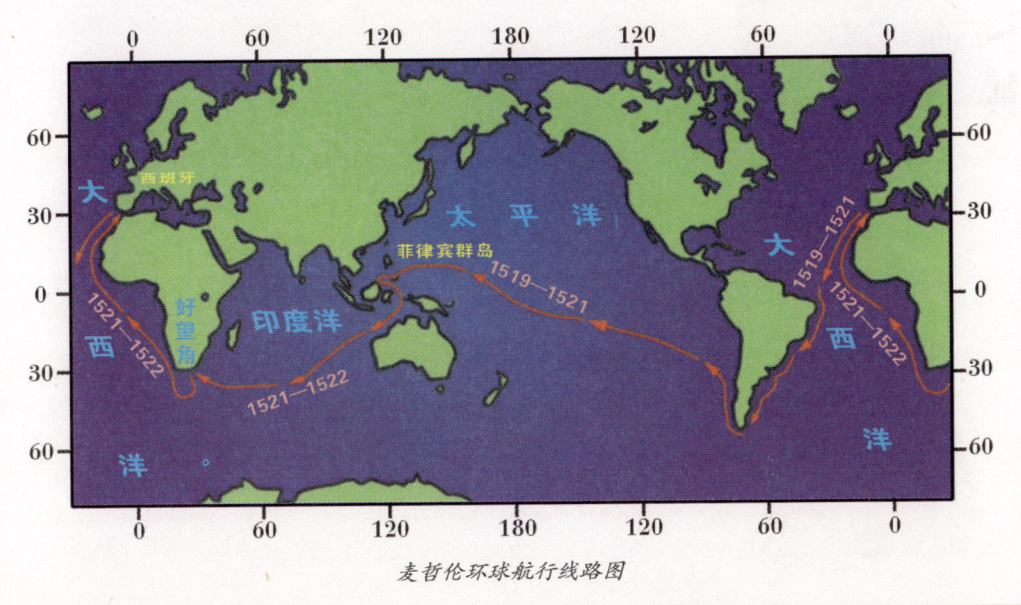

麦哲伦环球航行线路图

科学史上的伟大发现

白令海峡

白令海峡位于亚洲的东北端、北美洲的西北端，它把北冰洋和太平洋连在一起，把亚洲的西伯利亚和北美洲的阿拉斯加分割开来，成为北美洲和亚洲大陆间的最短海上通道。它的发现使得俄国对阿拉斯加的领土要求得到了承认。不过，这一领域的管辖权也引发了日后美国与俄罗斯的多次争议。

17世纪快要结束时，英格兰和北欧诸国还在为西北航道和东北航道进行着艰苦探索，同一时期，1697年，俄国人已经到达了勘察加半岛，整个西伯利亚进入俄罗斯版图。已有的成就并不能够满足俄罗斯新上台的统治者。雄心勃勃的彼得大帝走出宫门，遍访了法国、荷兰和英格兰诸国。他在各国的码头上看到，那儿每年都有成千上万的船只到北方海域去捕鱼。他还看到整座城镇上都在忙于精炼鲸油和清理鲸骨。此后他拟定出一个雄心勃勃的向外扩张计划，除了大举开发西伯利亚之外，他还秘密派遣了两个人，从海上出发去探索亚洲大陆和美洲大陆是否是联结在一起的。不过，在他的内心深处，所念念不忘的却仍然是中国和印度。他曾对身边的人说："这个想法在我心中已经有许多年了，只是因为总有许多别的事妨碍我去实现它。我曾经提出要寻找一条通过北极海域通往中国和印度的路……"

为此，他任命已经在俄国海军中服役达25年之久并有丰富航行经验的丹麦人维他斯·白令为队长，去完成确定亚洲和美洲大陆是否连在一起这一艰巨任务。

1725年1月，白令和他的25名队员离开彼得堡，开始了对西伯利亚北岸的考察之旅。他们横穿俄罗斯，旅行了8 000多千米，到达太平洋海岸，然后登船出征。同年，彼得大帝去世了，而在此后的17年，俄罗斯换了5个统治者，白令却坚定不移前后完成了两次极其艰难的航行。

1728年，远征的队伍到达亚洲的最东端；1735年，

白令海

中心人物

维他斯·白令（1681～1741），俄罗斯海军中的探险家，原籍丹麦。成年后，白令参加了荷兰海军，因为战绩突出而受到俄国当政的彼得大帝的赏识，不久就出航到东印度群岛。在几次远航中，白令充分显示出其超凡的能力。1724年，他率领探险队发现了在亚洲和北美洲之间的海峡。后为纪念他，将这一海峡命名为"白令海峡"。

白令再次奉令来到鄂霍次克海；1740年，他建立了彼得罗巴甫洛夫斯克；1741年他从这里向美洲进发。在这一次航行中，他在北极地区发现了几个岛屿，绘制了勘察加半岛的海图，并且顺利地通过了阿拉斯加和西伯利亚之间的航道，这就是现在的白令海峡。

由于他的发现，使得俄国对阿拉斯加的领土要求得到了承认。当然，为此也付出沉重的代价。1741年，一场风暴将他指挥的两条船分开了，更为不幸的是，此时的白令重病缠身，无法指挥他的船了。他们漂泊到科曼多尔群岛的一个无人居住的小岛上，这个岛后来被命名为白令岛。

在那里，白令和他船上的其他28名水手病死了。船员们将他的尸体绑在厚厚的木板上，并盖上松软的沙土，然后推入海中，让他慢慢地沉没。他船上剩下的77名水手中的46人后来回到了他们出发的港口。今天，白令海峡、白令海、白令岛和白令地峡都是以这个为俄国作了36年探险航海英雄的名字来命名的。

白令海峡是亚洲和北美洲、俄罗斯和美国、阿拉斯加半岛和楚克奇半岛的分界线。国际日期变更线也从白令海峡的中央通过。

>> **更多介绍**

白令海峡地处高纬度，气候寒冷、多暴风雪和雾，尤其是冬季，气温剧降，最低气温可达－45℃以下，海峡表层结冰，冰层厚达2米或更多，每年10月到次年4月是结冰期，严重影响航行。海峡和沿岸地区生活着适宜冰雪生态环境的海豹、海象、海狗、海獭、海狮以及北极燕鸥等。

白令海海岸线

科学史上的伟大发现

南极大陆

两百多年前，当人类刚刚认识南极大陆的时候，这片被冰雪覆盖的白色大陆被认为是一个死亡之地。然而随着科学探索的不断深入，人类揭开南极的神秘面纱时，却惊喜地发现，厚厚冰层下埋藏着的，是对科学探索有着巨大意义的未知奥秘和丰富的自然资源。如今，这个富饶、充满生机的"万宝之地"已经成为人类的共同财富。

"谁最早发现了南极大陆？"这个问题似乎并不像探险家哥伦布发现美洲大陆那样获得举世一致的公认，围绕最早发现南极大陆的荣誉的笔墨官司，至今尚无定论。但是回顾近一百多年来的南极探险史，下面将提到的许多勇敢的探险家的名字是当之无愧地载入史册的，他们的功绩以及对南极事业的贡献，都得到了举世的公认。

1772年12月，英国航海家詹姆斯·库克，经过精心策划准备，率领两艘独桅帆船"决心"号和"冒险"号从南非出发，吹响了人类探索南极大陆的第一声号角。

库克从1768年到1779年3次探索南极大陆，最南到达南纬71度的边缘，这是人类历史上第一次航行到地球最南端的记录，不过，终因冰山阻挠而无法前进。在南极洲虽然没有留下以库克命名的地名，但他此前穿过的新西兰南岛与北岛间的海峡和太平洋中的一处群岛已被命名为库克海峡和库克群岛。

1819年2月19日，英国的海豹捕猎者威廉·史密斯船长驾驶的"威廉斯"号方帆双桅船发现了南设得兰群岛上的利文斯顿岛，随即宣布该岛为英国所有。英国

南极的周围海洋中盛产磷虾，它是一种高蛋白质的食物，是人类理想的水产品。

中心人物

詹姆斯·库克（1728～1779），18世纪英国最伟大的航海家和探险家，在人类的航海史上创造了极其辉煌的业绩。

库克16岁时就到船上去当水手，从此便与大海结下了不解之缘。由于他勤奋好学，能力超群，1755年加入了英国海军，不到4年便升为船长。1768年8月，他奉命率船开始远征南太平洋，1768年8月，他奉命率船开始远征南太平洋，揭开了南极探险的序幕。在此期间，库克曾3次穿过南极圈。

海军部又派爱德华·布兰斯菲尔德同史密斯继续寻找新的陆地,于1820年1月31日登上乔治王岛和克拉伦斯岛,宣布了英国的所有权。南设得兰群岛自然得名于英国的设得兰群岛,而该群岛与南极半岛之间的海峡又被命名为布兰斯菲尔德海峡。

1819年7月16日,俄国的探险家法捷依·法捷耶维奇·别林斯高晋率领南极探险队乘900吨的"东方"号和500吨的"和平"号离开喀琅施塔得港驶向南极,先后四次穿越南极圈,到达南纬69度23秒,于1821年1月22日和28日发现了两个岛屿,这是人类第一次在南极圈内发现陆地,考察队将之分别命名为彼得一世岛和亚历山大一世岛,并在地图上沿用至今。而南极半岛西侧这两岛之间的海域也因他的首先到达而被命名为别林斯高晋海。

南极大陆上的企鹅

同年12月6日,美国海豹捕猎者纳撒尼尔·帕尔默船长率单桅帆船"英雄"号发现了南奥克尼群岛,今天地图上南极半岛的南部也因此出现了一块帕尔默地。

英国的詹姆斯·威德尔于1823~1824年间发现了南极洲第一个海,此海因此被称为威德尔海。

南极大陆经过各国航海家的艰苦探索,它的存在已经不存在任何疑问了,剩下来的就是深入南极大陆的腹地。于是,一场争夺最先登上南极,到达南极点的角逐,激励着许多雄心勃勃的探险家……

南极光

科学史上的伟大发现

厄尔尼诺

厄尔尼诺是指在全球范围内,海气相互作用下造成的气候异常。它原本是一个普通的气候学名词,但是它常常与诸如森林大火、暴雨、暴雪、干旱、洪水等众多气候现象、灾难联系在一起,所以,在人们眼中,厄尔尼诺几乎成了灾难的代名词!

在全球性的气候异常中,有一种现象越来越引起科学家和全人类的普遍关注,这就是厄尔尼诺。这种现象已经有几千年的历史了,但是对它的发现和记载仅是19世纪初才开始的事情。厄尔尼诺在气象学中使用起源于南美的秘鲁以及智利沿海海域。100多年前,这些地区的人注意到:每年从圣诞节起至第二年的3月份都会出现一种异常现象,其表现是海水表面温度异常升高,雨量增加,海面上很多鱼都死了,吃鱼的鸟也死了,地区气温也会出现明显的变化。3月份以后,暖流消失,水温逐渐变冷。当地渔民就将这种现象称为厄尔尼诺,在西班牙语中,这是圣婴的意思,即圣诞节时诞生的男孩。

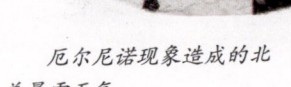

厄尔尼诺现象造成的北美暴雪天气

我们现在所说的厄尔尼诺现象是指数年发生一次的海水增温现象向西扩展、整个赤道东太平洋海面温度升高的现象。厄尔尼诺发生时总是给人类带来灾难。由于海水温度升高,海洋生态环境遭到破坏,大量海洋生物因此死亡。在海岸带,原来炎热的地区温度骤降,原来寒冷的地区温度骤升;多雨地区发生罕见的旱灾,而干旱地区则连日暴雨。它会使整个热带地区的风向和洋流发生改变,犹如产生了一股魔鬼般的搅动,从而引起全球大气环境和气候的变异,导致旱涝灾害猛增,暴风雪肆虐,酷热难挡等。

在20世纪60年代,很多科学家都认为厄尔尼诺是区域性问题,它主要影响太平洋东部的南美沿海地区和太平洋中部的澳大利亚沿海地区。然而20世纪80年代以后,通过气象卫星的观测发现,厄尔尼诺在世界很多地方都出现。由于海水表面温度平均每升高1度,就会使海水上空的大气温度升高6度,造成大气环流异常,严重地

厄尔尼诺现象带来的洪水淹没村庄

影响世界各地的气候。

令人忧虑的是，厄尔尼诺现象的出现越来越频繁。原来人们认为这种现象为 5 年、7 年乃至 10 年来临一次，后来又以 3 至 7 年为周期出现。但进入 20 世纪 90 年代以来似乎每两三年就降临一次。不仅如此，随周期缩短而来的是厄尔尼诺现象滞留时间的延长。这一现象引起了科学家的注意，科学家们普遍认为，厄尔尼诺现象的频频发生与地球温暖化有关，其变化的迹象表明，厄尔尼诺现象并不仅仅是天灾。

尽管关于厄尔尼诺发生的原因在科学界尚无定论，但是人类并未在它面前听天由命、无所作为，人们对它的预测水平已经有了很大的提高。1986 年，国外科学家成功地提前一年预报了厄尔尼诺现象的来临，并积极探索温室效应与厄尔尼诺现象之间的联系。由此，我们可以大胆预言，人类终将能解开这一肆虐人类的大自然之谜，并找出办法，避免它的危害。

厄尔尼诺现象造成非洲草原上的干旱现象

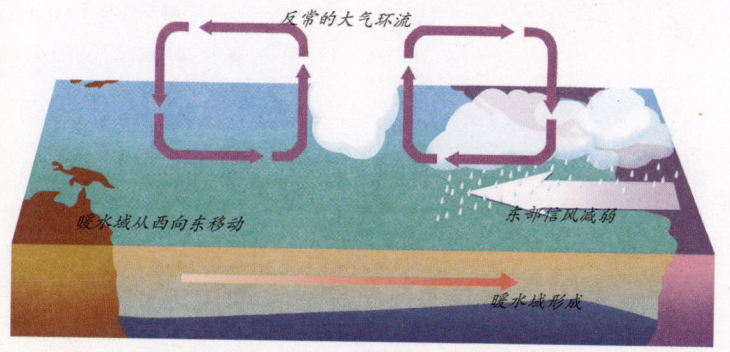

>> **更多介绍**

在深入探索厄尔尼诺与气候变化关系的过程中，科学家又发现了与其性格相反的拉尼娜现象，字面意思是圣女。拉尼娜现象也被称为反厄尔尼诺现象，特征是赤道附近东太平洋水温反常下降，从而引起一系列气候异常。拉尼娜现象是由前一年厄尔尼诺现象造成的庞大的冷水区浮出洋面后形成的，因此，它总是发生在厄尔尼诺现象之后。由于拉尼娜现象不像厄尔尼诺那样简单，它对气候的影响尚很难预测。一般来讲，拉尼娜的危害不及厄尔尼诺那样严重，但也会给人类造成相当伤害。拉尼娜现象也是每隔几年出现一次，是东太平洋沿着赤道酝酿出的不正常低温气流，导致气候异常，它的发生频率比厄尔尼诺现象低。

科学史上的伟大发现

大陆漂移学说

有人在很早以前就注意到这样一个有趣的现象:大西洋两岸,特别是非洲西海岸与南美洲东海岸轮廓线十分相似。南美洲大陆凸出的部分几乎能和非洲大陆凹进部分相吻合。如果我们把这两块大陆从地图上剪下来,就可以拼合成一个整体。这仅仅是巧合呢?还是有其他什么原因,德国地球物理学家魏格纳用其著名的大陆漂移学说,为我们做出了解释,这一伟大的学说开创了地球科学史上的一次革命。

"任何人观察南大西洋的两对岸,一定会被巴西与非洲间海岸线轮廓的相似性所吸引住,不仅圣罗克附近巴西海岸的大直角突形和喀麦障附近非洲海岸线的凹进完全吻合,而且自此以南一带,巴西海岸的每一个突出部分都和非洲海岸的每一个同样形状的海湾相呼应。反之,巴西海岸有一个海湾,非洲方面就有一个相应的突出部。"这就是德国伟大科学家阿尔弗雷德·魏格纳的名著《海陆起源》一书的前言。在这部巨著中,魏格纳提出了著名的"大陆漂移说",开创了地球科学史上的一次革命。

早在1620年的时候,英国哲学家培根就在地图上观察到,南美洲东岸和非洲西岸可以很完美地衔接在一起。遗憾的是,他只是将自己关于两块大陆的想法说了出来,而没有试图去寻找证据,来证实两岸曾经是相连的。

在培根之后将近300年的时间里,竟然没有一个科学家认真思考过,为什么大洋两岸的陆地竟可以严丝合缝地拼在一起。最终,历史将荣誉授予了一位德国人。

1910年的一天,年轻的德国气象学家魏格纳身体欠佳,躺在病床上。百无聊赖中,他的目光落在墙上的一幅世界地图上,他意外地发现,大西洋两岸的轮廓竟是如此相对应,特别是巴西东端的直角凸出部分,与非洲西岸凹入大陆的几内亚湾非常吻合。自此往南,巴西海岸每一个凸出部分,恰好对应非洲西岸同样形状的海

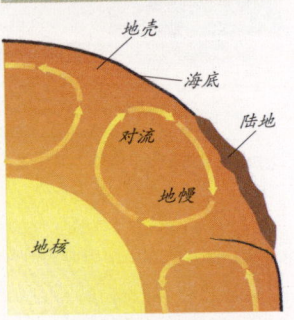

热量在地球内部流动,使软流层的物质产生对流循环。这一运动导致了板块漂移和海底扩张。

中心人物

魏格纳(1880~1930),德国气象学家、地球物理学家。他以倡导大陆漂移学说闻名于世,但当时缺乏合理的动力学机制,因而遭到正统学者的非议。他去世30年后,板块构造学说席卷全球,人们终于承认了大陆漂移学说的正确性。人们纪念魏格纳的原因,不是他生前冷遇与死后热闹,而是他毕生寻求真理、正视事实和不惜献身科学的精神。

湾；相反，巴西海岸每一个海湾，在非洲西岸就有一个凸出部分与之对应。他的脑海里突然掠过这样一个念头：从前非洲大陆与南美洲大陆没有大西洋，它们是不是曾经贴合在一起，到后来才破裂、漂移而分开的？

第二年，魏格纳开始搜集资料，通过大西洋两岸的大陆形状、地质结构、古生物等的相似性来验证自己的设想。他考察了大西洋两岸的山系和地层，结果令人振奋：北美洲纽芬兰一带的褶皱山系与欧洲北部斯堪的纳维亚半岛的褶皱山系遥相呼应，暗示了北美洲与欧洲以前曾经"亲密接触"；美国阿巴拉契亚山的褶皱带，其东北端没入大西洋，延至对岸，在英国西部和中欧一带复又出现；非洲西部的古老岩石分布区可以与巴西的古老岩石区相衔接，而且二者间的岩石结构、构造也彼此吻合；与非洲南端的开普勒山脉的地层相对应的，是南美的阿根廷首都布宜诺斯艾利斯附近的山脉中的岩石。

随后，魏格纳又考察了大量岩石中的化石、古代冰川的遗迹、珊瑚礁等古气候标志，所有这些都支持他的想法。有了充分的证据，1915年，魏格纳审慎地将自己的科学研究成果——《海陆的起源》呈现给世人。在这本书里，他提出了著名的大陆漂移理论。该理论认为，在2亿5千万年前，目前分成各个洲的古代大陆是连在一起的，并且是唯一的，它称为泛大陆，那时还没有大洋。以后，完整的泛大陆开始四分五裂，分裂的大陆之间出现了海洋，逐渐形成了现在的七大洲。

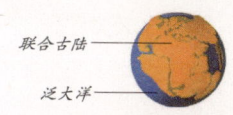
约22亿年前的地球

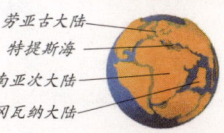
约20亿年前的地球

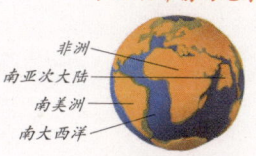
约13亿年前的地球

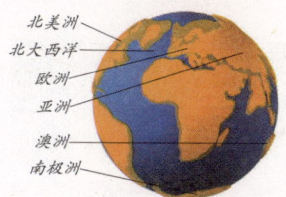
约1亿年前的地球

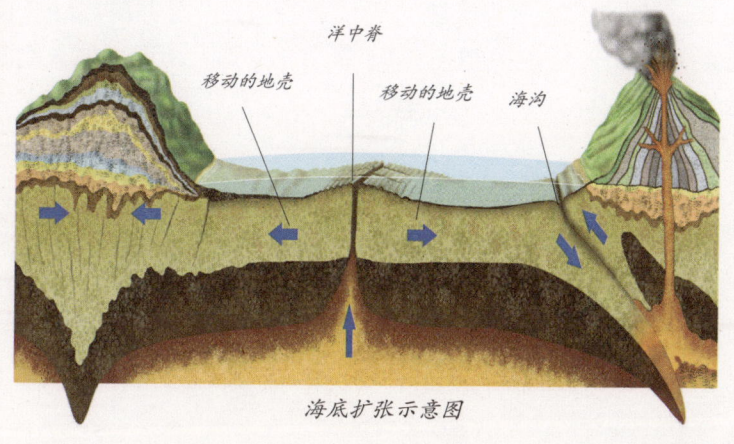
海底扩张示意图

>> **更多介绍**

魏格纳这一石破天惊的理论一经提出，立即在全世界的地质学界引起了一场轩然大波，有人为之鼓掌喝彩，但更多人却感到不解：这样坚实的大陆怎么会像水上的木筏一样漂来漂去呢？漂移的动力是什么？为什么漂移发生在2亿5千万年前……这些问题在当时都没有得到很好的解决，于是，大陆漂移理论提出后不久，便被视为是一种荒唐的臆想和怪谈，被尘封在图书馆的书架上，无人问津。直到他去世的30年后，人们对大陆漂移的兴趣又复萌了。于是科学家提出，是地幔的对流造成了地壳的运动。

安赫尔瀑布

古人们对瀑布就有着敬畏之情,尤其是观看到水流直泻深潭的感觉,往往会引发出许多神奇的遐想。位于委内瑞拉圭亚那高原密林中的安赫尔瀑布,是世界上落差最大的瀑布。高山幽谷、人迹罕至的自然地理环境更让它显得神秘而幽深。

委内瑞拉位于南美洲大陆的北部,山多河多,1 000多条河流穿山过岭,跌宕起伏,山高水急,惊涛拍岸,形成了大大小小的瀑布。其中最为著名的当属世界上落差最大的安赫尔瀑布。过去,只有当地的印第安人知道这个瀑布的位置,并为它取名为"出龙"。直至1937年,它才为美国飞行员吉米·安赫尔所发现。关于安赫尔瀑布这个名字的来历,流传着一段曲折的故事。

大约是20世纪30年代初的某一天,在巴拿马的一家酒店里,一个美国探险家有声有色地向美国飞行员安赫尔讲着一个故事。大意是说在一片无人知晓的茂密茫茫的丛林中,有着一条溪流,那潺潺的流水冲积着耀眼的金子。因此,这个探险家请求安赫尔用飞机带他到那条溪流去,安赫尔欣然同意了。探险家付给安赫尔5 000美元,作为酬金,并叮嘱他保证不将这条溪流的位置告诉任何人。

接着,探险家和安赫尔乘飞机来到了委内瑞拉,降落在这条溪流的旁边。探险家捞了45千克金子,在巴拿马卖了2.7万美元,然后回到了美国。探险家死后不久,为了寻找黄金,安赫尔不顾曾经的保证,于1935年,独自驾着飞机飞越了委内瑞拉高地寻找那条溪流。当飞越德弗尔山时,他发现了一些瀑布。两年后,吉米·安赫尔又驾着飞机飞了回来,作了一次更接近瀑布的观察,但他的飞机不幸坠毁,陷入了一片沼泽地。他和他的同伴花了11天时间奋力穿过热带丛林到达瀑布

冬季的安赫尔瀑布

壮观的安赫尔瀑布

中心人物

吉米·安赫尔原本是美国一位普通的飞行员,因为在无意中发现了世界上落差最大的瀑布,而扬名于世。这个重大发现跟哥伦布发现新大陆如出一辙,无心插柳柳成荫,它为发现者缔造了最惬意的成名捷径。1956年,安赫尔在巴拿马因飞机失事而不幸遇难。人们为了纪念安赫尔,所以将他发现的瀑布以其名字来命名,不仅如此,就连安赫尔的骨灰也撒在该瀑布上。

处。吉米·安赫尔没有找到黄金,却发现了世界上最高的瀑布。后人为了纪念他的这次探险,就将他误打误撞发现的瀑布命名为"安赫尔瀑布"。

安赫尔瀑布宽约 150 米,是一个多级瀑布。第一级由山顶直泻至一结晶岩平台,落差 807 米;接着又下跌 172 米,直至丘伦河谷地一个宽 152 米的大水池内。安赫尔瀑布全程下跌的落差为 979 米,大约是尼亚加拉瀑布高度的 18 倍。

近看瀑布势如奋奔闪电的飞虹,远眺其柔美又如月笼轻纱。每当晨昏之际,云雾弥漫崖顶,只见瀑布从悬崖上飞泻直下,宛如一条英姿勃勃的银龙从天而降,发出隆隆的雷鸣声。飞流落下,溅得满山谷珠飞玉散,如果在阳光的照射下,便有一条美丽的彩虹悬挂在柔媚的水雾上,像是有谁撒出彩练,在引逗这奇腾咆哮的蛟龙似的,再加上瀑布两旁藤缠葛绕的参天古木和嶙峋山石,使其更显得磅礴壮观……

今天,安赫尔瀑布早已驰名世界。然而,此处无陆路可通,能够有机会亲眼目睹其"芳姿"的人还是为数寥寥,只有租乘飞机,才可能从舷窗上极为难得地一睹它神秘的雄姿。委内瑞拉政府在安赫尔瀑布下游叫做"卡奈马"的地方开辟了旅游区。修建了一条能起落喷气客机的跑道。首都加拉加斯附近的迈克蒂亚国际机场,每天有两次班机可以来参观"安赫尔瀑布"。飞机上虽然听不到瀑布的轰鸣声,但透过蓝天白云,可以看到一条雪白的练带飘然而出,飞机在峡谷中盘旋穿行,进入了"探险"的境地。因此,凡是乘飞机浏览瀑布的人,都可以得到一张特制的"勇敢的探险者"证书。

水流经过软硬层区

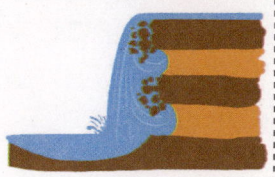
软岩层区的岩石被水流侵蚀掉

上面硬岩层少了支撑便崩落下来了

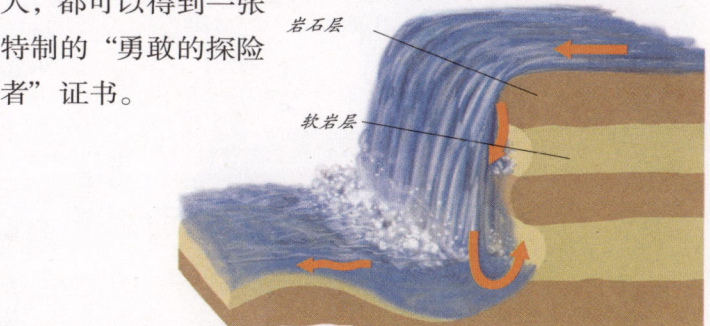
瀑布后退现象示意图

>> 更多介绍

安赫尔瀑布隐藏在高山密林之中,四周有高山环绕,远看犹如在大石盆上挂下的白色练带,发出如雷的轰鸣声。

这样磅礴的气势,对世界各地的游人来说是一个莫大的吸引。鉴于瀑布周围神秘、险要的自然大环境,委内瑞拉政府决定将此处辟为旅游探险地。要想目睹它的庐山真面目,是一件非常周折和艰难的事情,旅行者只能租乘飞机前往观赏。从飞机上虽然听不到瀑布的轰鸣声,但透过蓝天白云,可以看到一条雪白的练带飘然而出,飞机在峡谷中盘旋穿行,然后进入探险的境地。因此,凡是乘飞机观赏瀑布的人,都可以得到一张特制的"勇敢的探险者"证书。

中草药

中药和草药统称为中草药。与中华源远流长的文化一样，中草药的发现和发展也经历了长久的岁月洗礼。相对于开发费用高，周期长，毒副作用大的化学药品来说，中草药以其无可比拟的优越性能在医学领域的使用日益广泛，在国际上也日渐受到重视。

中草药的发现相当早，在古代就有神农尝百草的传说。相传，神农氏是一位勤劳勇敢、聪明善良的人，他见到人们被疾病和伤痛折磨着，心中很是不安，便下定决心去寻找可以治病救命的药物。

他顶烈日、冒酷暑在山野之间采集各种草木的花、实、根、叶，细心的观察形状，仔细的品尝味道，并体会服食之后的感受。这些药物，有的酸，有的甜，有的苦，有的辣；吃下去以后，有的使人寒冷，有的令人燥热，有的清凉爽口，有的温润滋养；有的能止痛，有的能消肿，有的使人呕吐、腹泻，也有的让人精力倍增，甚至还有的具有强烈的毒性，服食之后，痛苦难忍。即使是经常会遇到可怕的毒性草药，甚至威胁生命，神农氏依然抱着为民除病的信念，没有一刻耽搁采摘、服食、品尝和记录。

神农本草经

终于有一天，他掌握了几百种草药的性味和功用，把它们带给了在病痛中挣扎的人。从此，人类的生命得到了更加安全的保护。为了纪念他，旧时的药铺里，常挂着一幅画像，那是一个浓眉大眼、笑容可掬、腰围树叶、手执草药的人，他就是传说中的神农氏。

神农尝百草的传说向我们昭示了中草药发现的艰辛历程。尽管中草药的发现不能归功于具体的某个人，那

中心人物

神农氏是继伏羲以后又一个对中华民族有颇多贡献的传说人物。他因为发明农耕技术而被称为神农氏。除此之外，神农氏还发明了医术，制定了历法，开创九井相连的水利灌溉技术等。他便是以"大德"闻名于世的炎帝。"神农尝百草，日遇七十毒"便是他大德的完美写照。

却是劳动人民实践的真实写照。中草药的发现过程其实是建立在人类长期的实践基础上的。

我国是世界中药材应用最广泛、药源最丰富的国家。早在原始时代，我们的祖先在生活与生产过程中，得以接触并了解某些植物或动物对人体可能产生的影响。

为了同疾病作斗争，上述经验积累到一定程度，启示人们对某些自然产物的治病效果和毒性作用予以注意并加以利用。经过无数次零星的、分散的，但却是有意识的试验观察，口尝身受，人们逐步创造并积累起一些用药上的丰富的经验，人们创造性地赋予了天然物物性（阴阳、寒凉、温热）、物味（酸、苦、甘、辛、咸）和物间关系的独特理论，并创立了中药学，形成了早期的药物疗法。随着历史的发展和医学的进步，药物品种逐步增加，之后，人们又发现几味药合用效果更好而形成复方制剂。就这样，中草药的应用在累积实践经验的基础上渐渐发展起来。

19世纪70年代，据江苏新医学院编写的《中药学大辞典》，共收载植物、动物、矿物质等各种药物5767种，其中植物药物高达4773种，可见所谓中草药主要来源于植物，丰富的植物资源，为人类提供了多姿多彩的药用植物。

神农氏遍尝百草

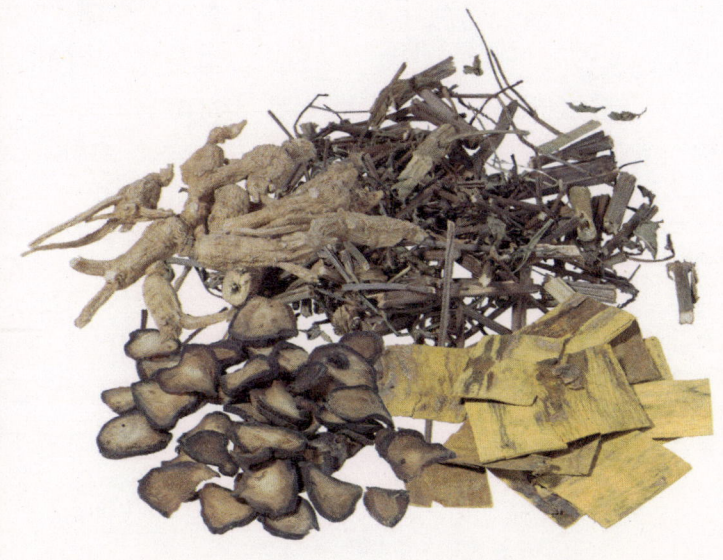

>> **更多介绍**

中草药的发现和应用，在我国已有几千年的历史，但"中药"一词的出现却是近代的事情。我国长期以来以"本草"作为中药的代名词。尽管中药有植物药、动物药、矿物药等不同的种类，然而其中以植物药最多，所以，自古相沿袭，就把中药称为本草，同时记载中药理论知识的文献书籍，也多以本草命名。近百年来，由于西洋医药学的传入，为了区分两种医药学，才开始有中医、中药之称。

解 剖 学

解剖学是一门较古老的科学,早在史前时期,人们通过长期的实践,即已对动物和人体的外形与内部构造有一定的认识。如今,解剖学已经成为一门重要的医学主干课程,恩格斯曾说:"没有解剖学,也就没有医学。"解剖学在医学中的至高地位,由此略见一斑。

中世纪的欧洲处于宗教统治的黑暗时代,解剖人体在当时是被当作违法的行为加以禁止,因此,解剖学和医学以及其他科学一样,都受到了限制而未能得到发展。

在16世纪以前,盖仑(130～201)所著的《医经》是西欧医学的权威巨著,它也是西方最早的、较完整的解剖学论著。盖仑的许多有关人体的概念是建立在动物解剖基础上的,由于宗教的干预、禁锢,自盖仑之后几乎没人再研究动物的内部结构,医生们都只是接受盖仑所观察的结果。这一现状一直持续到16世纪,人们开始怀疑盖仑有关人体的概念。

安德烈·维萨里是帕多瓦大学的解剖学和外科学教授。在儿童时代,他就解剖过死的小鼠和小鸟,看看它们的内部究竟有些什么。后来,他在帕多瓦大学解剖过人体。维萨里在实践中掌握和积累了一定的解剖学知识和经验,他指出盖仑解剖学中的错误,并决心改变这种现象,纠正盖仑解剖学中的错误观点。

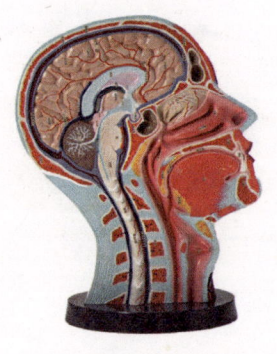

1543年,维萨里出版了《人体结构》一书,全书共七册,书中系统完善地记述了人体各器官系统的形态构造,说明了神经是怎样和肌肉相连,骨头又如何接受营养以及大脑的复杂结构,它冲破了以盖仑为代表的旧权威们臆测的解剖学理论,以大量、丰富的解剖实践资料对人体的结构进行了精确的描述。这部著作的出版,

中心人物

文艺复兴时代最伟大的解剖学家安德烈·维萨里(1514～1564)是创立现代解剖学的奠基人。1543年,年仅28岁的维萨里完成了巨著《人体的构造》。这本书的发表因触犯了旧的传统观念,引起教会的极大不满,维萨里被迫离开了他执教的威尼斯共和国帕多瓦大学来到西班牙。但教会的魔爪不肯放过他,20年后,西班牙宗教裁判所诬陷维萨里用活人做解剖,判了维萨里死罪。由于国王出面干预,才免于死罪,改判往耶路撒冷朝圣,了结此案。在归航途中,航船遇险,年仅50岁的维萨里不幸身亡。

澄清了盖仑学派的种种错误，使解剖学步入了正轨。

很快，所有以前的有关书籍都成为过时的东西了。到了16世纪末，维萨里有关解剖学的观点渐渐地被其他医生所接受，医学新发展的道路由此渐渐开辟出来。

继维萨里以后，17世纪哈维利用动物实验证明了血液循环的原理，首先提出了心脏血管是一套封闭的管道系统。他为生理学发展成一门独立的学科展开了序幕，使生理学从解剖学中划分出去。列文·虎克发明了显微镜；意大利解剖学家马尔比基观察了动植物的细胞，从而创建了组织学。19世纪德国植物学家施莱登和施旺创立了细胞学，推动了组织学和细胞学的发展。意大利神经解剖学家高尔基对神经系组织构造的仔细研究奠定了现代神经解剖学的基础；西班牙神经解剖学家卡哈尔的研究，更把神经解剖学的研究引向深入。19世纪以来，结合临床医学的发展，人体解剖学的研究也达到了全盛时期。

>> 更多介绍

进入20世纪，医学的发展又促进了解剖学研究的深入，随着胸外科、肝外科等各种内脏外科手术的开展，又对器官内血管和管道等的形态提出了新的要求；CT和超声断层图的应用，也对断面解剖学提出了新的要求；随着血管缝合手术的提高，显微外科的开展，才使显微外科解剖学建立。人体解剖学在不断地发展着，尤其是近数十年来，物理学、生物化学等新理论、新技术的发展，多学科综合研究的进行，更由于生物力学等边缘学科的建立与发展，解剖学等形态学的研究也有引向综合性学科的趋势，那种纯形态学研究的情况正在发生改变。

帕多瓦大学的圆形解剖教室

血液循环

血液循环是指血液在全身心血管系统内周而复始地循环流动,血液只有在全身循环流动才能发挥它的多方面的机能。因此,血液循环是机体最重要的机能之一,对它的正确认识有助于进一步了解人体的其他机能。这一重大规律的发现在自然科学,特别是实验科学历史上意义非凡,伟大的无产阶级革命导师恩格斯这样评价说:"哈维由于发现了血液循环而把生理学确立为科学。"

血液循环的规律,是随着医学的发展、经历了漫长的岁月,经过许多科学家的努力,最终才得到阐明的。

2~16世纪间,欧洲医学界对心脏与血管联系的认识一直尊崇的是古罗马医生盖仑创立的血液运动理论。

16世纪比利时解剖学家维萨里在自己的解剖实验中发现盖仑关于左心室与右心室相通的观点是错误的。维萨里因大胆挑战医学圣经而惨遭教会迫害。

西班牙医生塞尔维特经过实验研究发现血液从右心室经肺动脉进入肺,再由肺静脉返回左心室,这一发现称为肺循环。塞尔维特已接近发现血液循环,但还没等他把研究继续下去,他就因触犯当时被教会奉为权威的盖仑学说而被教会判处火刑,活活烧死。所幸的是,塞尔维特关于血液循环的观点却被英国医学家哈维继承和发展了。

哈维从事解剖学研究多年,他曾对40余种动物进行了活体心脏解剖、结扎、灌注等实验,同时还做了大

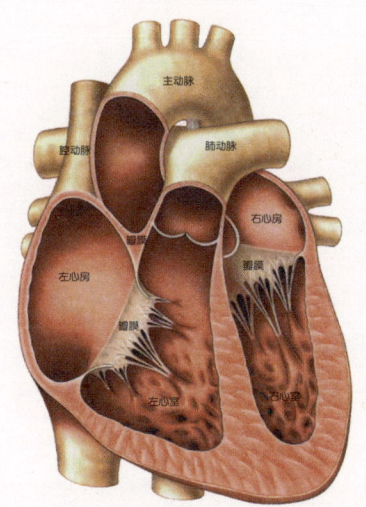

心脏的内部构造

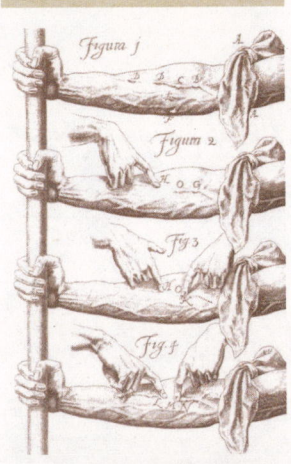

威廉·哈维的实验插图

中心人物

哈维(1578~1657),早年曾留学欧洲,在意大利帕多瓦大学学习解剖学。当时,伽利略在帕多瓦任教,哈维受益匪浅。1602年,哈维获得帕多瓦大学的医学博士学位后回伦敦定居开业行医。行医之余,哈维继续从事解剖学研究,特别对心血管系统进行了认真的研究。1628年,他出版了《心血运动论》,指出了血液在整个人体内不断循环即大循环的理论,用简洁的语言阐明了血液循环学说,使生理学成为一门独立的科学。

量的人体尸体解剖。他积累了很多观察和实验记录的材料,并开始怀疑盖仑的血液运动理论。

在深入研究了心脏的结构和功能后,哈维发现心脏左右两边各分为两个腔,上下腔之间有一个瓣膜相隔,它只允许上腔的血液流到下腔,而不允许倒流。哈维接着研究静脉与动脉的区别,他发现动脉壁较厚,有收缩和扩张功能;而静脉壁较薄,里面的瓣膜使血液只能单向流向心脏。结合心脏结构,这意味着生物体内的血液是单向流动的。

为了证实这一点,哈维做了一个活体结扎实验。当他用绷带扎紧人手臂上的静脉时,心脏变得又空又小;而当扎紧手臂上的动脉时,心脏明显胀大。这表明静脉里的血确实是心脏血液的来源,而动脉则是心脏向外供血的通道。体内血液的单向流动实验,证明了盖仑学说的静脉系统双向潮汐运动的观点是错误的。

哈维的另一个定量实验更否定了盖仑的理论。他进行心脏解剖时,以每分钟心脏搏动 72 次计算,每小时由左心室注入主动脉的血液流量相当于普通人体重的 4 倍。这么大量的血不可能马上由摄入体内的食物供给,肝脏在这么短的时间内也不可能造出这么多血液来。唯一的解释就是体内血液是循环流动的。

1628 年,哈维发表了《动物心血运动的解剖研究》,在书中系统地总结了他所发现的血液循环运动的规律及其实验依据,他认为静脉血液流到右心室,然后进入肺里,在肺里变成鲜红的血液后流回左心室,从左心室进入动脉血管流遍全身,再流到静脉后回到右心室,完成一个循环过程。

哈维向查理一世展示自己对心脏和血液循环的正确认识

>> **更多介绍**

由于条件限制,哈维并不能清楚地了解血液是怎样由动脉流到静脉的。许多遵循传统观念的人抓住这一疏漏对哈维及其理论进行强烈的抨击。然而科学真理的光芒永远不会被谬误泯灭,随着科学的发展,科学仪器帮助人们发现了动脉血流向静脉的毛细血管,最终完全证实了哈维关于血液循环的发现。

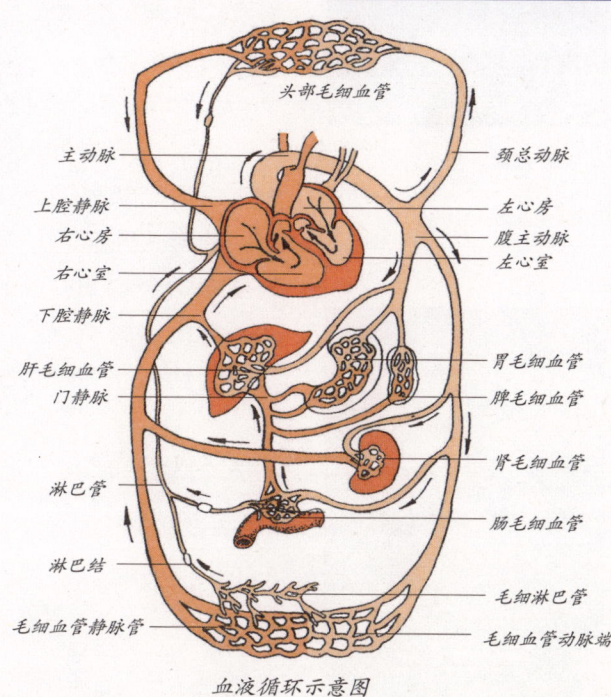

血液循环示意图

Great discovery in Science history

科学史上的伟大发现

微生物

微生物在地球上存在了30多亿年，人类在数百万年前出现之后就一直在和微生物发生着千丝万缕的联系，只是人类自己并不知道一直在和微生物生死共处。他们不知道许多疾病是微生物引起的，也不知道发面、果酒和啤酒酿造、牛奶和奶制品的发酵等都是那些看不见的小生命作出的贡献。荷兰生物学家列文·虎克首先向我们展示了这个神奇的"小人国"的奥秘。

一个偶然的机会，列文·虎克得到一个兼做德尔福特市政府看门员的差事，这是一个很清闲的工作，空闲时间很多。然而，列文·虎克是个闲不住的人，他小时候曾跟人学过磨制镜片，对此也很着迷。所以，在空闲时间里，他就用来磨制镜片，寒来暑往，总不间断。

有一次，列文·虎克透过两片透镜看东西，发现能把很小的东西放大许多倍。一下子引起了他的兴趣，他花在磨制镜片上的时间更多了。渐渐地，列文·虎克磨制的镜片放大倍数越来越高。为了用起来方便，他用两个金属片夹住透镜，再在透镜前面按上一根带尖的金属棒，把要观察的东西放在尖上观察，并且用一个螺旋钮调节焦距，这样就制成了一架简单的显微镜。

连续好多年，列文·虎克先后制作了400多架显微镜，最高的放大倍数达到200～300倍。这些显微镜扩大了他观察细小东西的视野，列文·虎克用它们观察过雨水、血液、酒、黄油、头发、精液、肌肉和牙垢等许多物质。他惊异地发现这些物质里头有许多奇形怪状的"小人国"居民，这就是后来所说的微生物。

为了让更多的人了解他的发现，1673年，列文·虎克将自己从显微镜观察到的微生物世界记录下来，用信件的形式陆续寄给了当时的英国皇家学会。在写给英国皇家学会的200多封附有图画的信里面，他详细地描述了自己亲眼所观察到的球形、杆状和螺旋形的细菌、原生动物。这些观察结果表明他看到并记录了一类从前

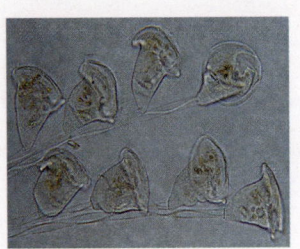

显微镜下的微生物

中心人物

列文·虎克（1632～1723）原是荷兰一个名不见经传的小人物，他曾经在市政府担任看门人。列文·虎克生平最大的爱好就是用自己制作的显微镜观察和描绘观察结果。然而正是这个单纯的爱好改变了他的命运。1673年，他用自己制作的显微镜观察到了被他称为"小动物"的微生物世界。因为这个伟大的发现，他当上了英国皇家学会的会员，也因此，他成了微生物学的开山鼻祖。

科学史上的伟大发现
Great discovery in Science history

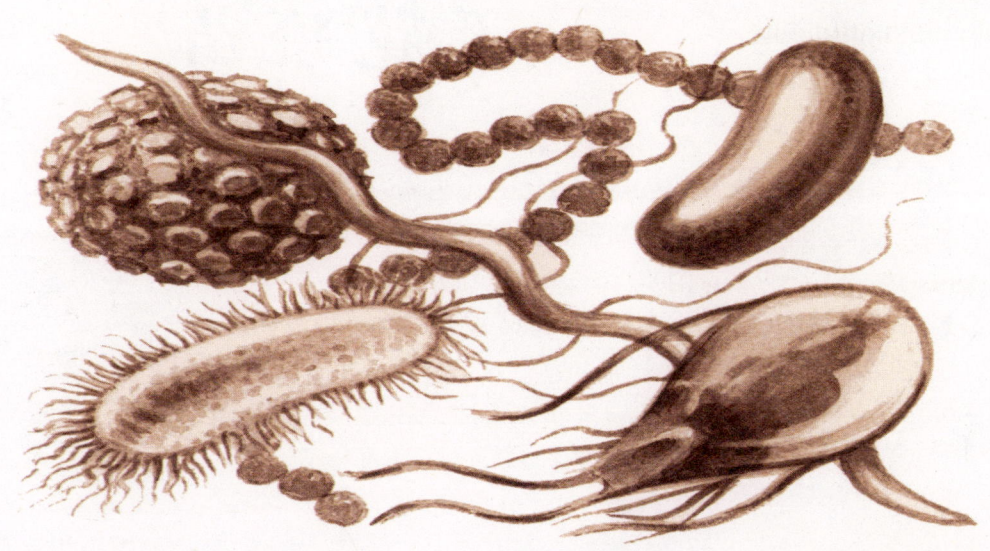

没有人看到过的微小生命。列文·虎克把他的观察结果写信报告给了英国皇家学会,得到英国皇家学会的充分肯定,并很快成为世界知名人士。列文·虎克的一生致力于在微观世界中探索,发表论文402篇,其中《列文·虎克发现的自然界的秘密》是人类关于微生物研究的最早专著。列文·虎克成为第一个发现微生物的科学家。

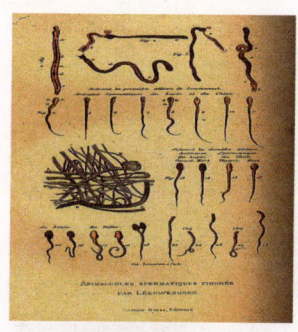

微生物的发现,在很多学术领域中引起了极大的轰动,对农业、医药工业、酿造工业、食品工业、化学工业、石油工业等方面的研究,都有着重要意义和作用。

然而,初始阶段,人们对微生物的认识还仅仅停留在对它们的形态描述上,并不知道原来是这些微小生命的生理活动对人类健康和生产实践有那样的重要关系。

直到大约两个世纪后,人们在用效率更高的显微镜重新观察列文·虎克描述的形形色色的"小动物"时,并知道它们会引起人类严重疾病和产生许多有用物质时,他们才真正认识到列文·虎克对人类认识世界所作出的伟大贡献。这种"不可见"微生物,最终使法国科学家巴斯德提出了疾病的微生物理论,这一理论又使医生攻克了多种疾病:伤寒、小儿麻痹症及白喉等。之后,人类对从传染病、心脏病到癌症等死亡主要原因的认识发生了变化。

>> 更多介绍

在列文·虎克发现微生物的存在以前,人们对那些看不见的小生命与自身千丝万缕的联系几乎一无所知。不过,从现有的古代著作中我们看到,还是有些人曾经觉察到是某种有生命的物质在起作用。例如,在我国17世纪初的清代,有位叫吴有性的医生曾在他的著作《瘟疫论》中认为传染病是"乃天地间别有一种异气所感"。并且指出"气即是物,物即是气"。这在没有发现微生物之前,能够肯定地预见有某种实体是传染病的病原体,不能不认为是一种科学的预见。

天花疫苗

天花是继瘟疫之后世界上传播最广、最为可怕的疾病。数千年来,被称为"死神帮凶"的天花给人类带来了巨大的灾难,它曾经在世界各地传染。18世纪,由于天花的传播蔓延,仅欧洲就病死了1.5亿多人。直到1796年,英国的乡村医生琴纳发明了牛痘免疫法,天花这一恶魔才真正寿终正寝。

我国古代把天花称为"痘",我们的祖先早在1 000多年前就掌握了对付天花的土办法——种痘。这种方法是用天花病人身上的干痂研成的、含有天花病毒的粉末吹入人体,使之染上轻度天花,这样,人体就对天花产生了免疫力,一般都不会再得这种疾病了。然而,种痘的方法并不安全,轻的会留下大块疤痕,重的会导致死亡。

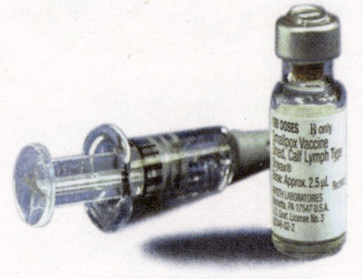

英国的乡间医生琴纳是一位责任心很强的医生,他发誓一定要寻找一种更安全有效的办法根治可怕的天花。

一次,他在养牛场发现了一个奇怪的现象:挤奶姑娘竟没有一个死于天花或变成麻脸。聪明的琴纳一下联想到中国的种痘法:种过痘的人,不会再得天花。由此推论,挤奶的姑娘也许是得了牛天花,而对天花有了免疫力。

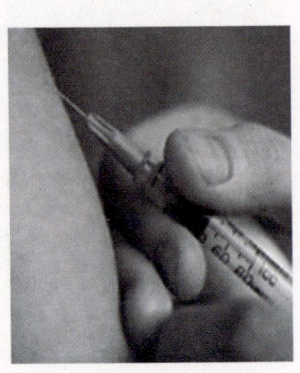

为了弄清原因,琴纳此后多次在牛棚内观察,他发现,挤奶姑娘确实会染上牛天花。不过得了牛天花,只是出现手指间长水疱、低烧、局部淋巴腺肿大等症状,过不了多久就会痊愈。至此,琴纳可以初步断定:人得了牛天花之后,就不会染上天花。从1788年开始,琴纳又连续进行了8年的观察和实验,对人得牛天花后

中心人物

爱德华·琴纳(1749~1829)出生于英国格洛斯特郡伯克利牧区的一个牧师家庭,13岁起便跟随一位外科医生学医。8年以后,他又从师于当时最著名的医学家约翰·亨特。亨特的精湛医术和勇于献身的精神给琴纳极大的影响,使他毕生为人类健康服务。1796年,琴纳牛痘接种的成功,为免疫学开创了广阔的领域,人们称誉他为伟大的科学发明家、生命拯救者。

的症状等做了深入研究。由此，他得出结论：种牛痘可以预防天花。

1796年5月21日，琴纳第一次在人身上种牛痘。接种的是一位叫菲普斯的8岁男孩。琴纳找到了一个刚感染了牛天花的女孩，从她身上取了一些痘疮的疱浆种在菲普斯的左臂上。头3天，菲普斯感到稍微有点不舒服，可很快就恢复了正常，只是种牛痘的地方留下一个淡淡的疤痕。6周后，琴纳给菲普斯种上人类天花的"浆"。

此后，菲普斯没有出现任何病症，说明种牛痘的方法是有效的，也是完全可行的。1797年，琴纳在成功地种牛痘1 000多例的基础上，将自己的成果写成论文送到皇家学会。可当时的医学界权威对此抱怀疑态度，甚至连著名哲学家康德也提出不同看法，他担心种牛痘的人会出现牛的粗野特性。琴纳受到了科学界的围攻……

然而，科学是不可战胜的。此后，种牛痘法在世界各地传开，天花恶魔终于被人类征服了。20世纪70年代，世界卫生组织别出心裁地设立1 000美元的悬赏，称此后首先鉴定出一例天花患者的人，就可以获得这笔奖金。可喜的是，这笔奖金至今无人问津，说明天花确确实实已经在人间销声匿迹了。

琴纳为小孩接种牛痘

>> 更多介绍

我国的医学古籍《痘疹定论》里，记载了一个故事：宋朝真宗年间，天花在各地流行，丞相王旦很担心小儿子也遭不幸。他听说峨眉山上有一位道士，能用"仙方"预防天花，连忙派人将道士请到京城。道士看过后，从葫芦中取出一小包药末，将药末放在小竹管上，然后将竹管对准小孩的鼻孔，并轻轻将药末吹入鼻孔。道士说："过10天小孩会有点发烧，再过两天身上会出现一些红色的斑点，但烧退之后，身体也就康复了，以后不会再得天花了。"后来果然如此。其实，道士采用的预防方法就是中国民间广为采用的种痘。

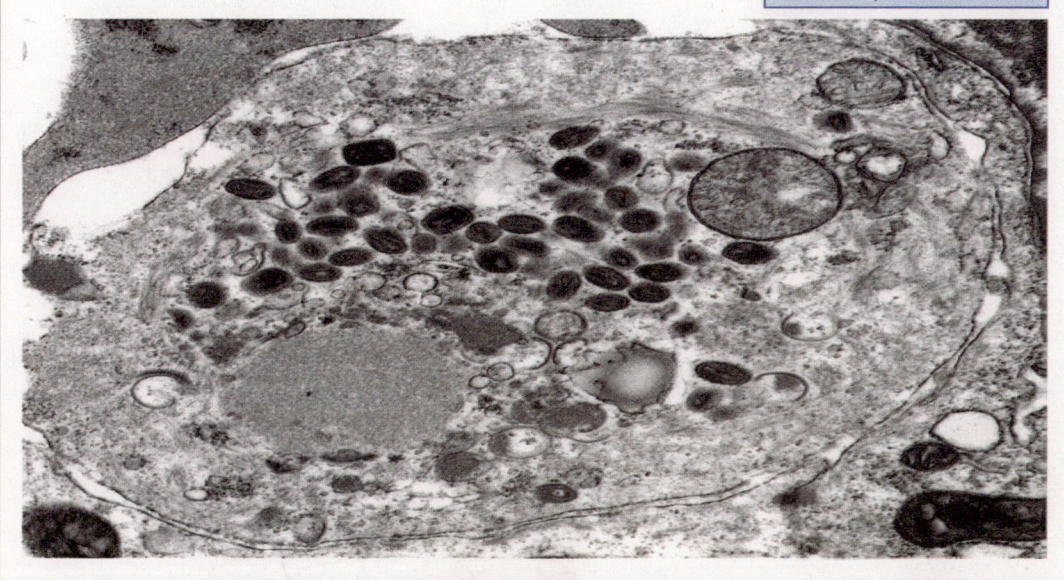

科学史上的伟大发现

生物电

今天，生物电已在科学上广为应用。我们最熟悉的是，医生常通过测心电图来判别心脏病，用脑电图来诊断脑疾病。因为，正常人心脏和脑细胞都显示出正常的生物电图像，而异常或老化的心脏和脑细胞则出现反常的图像。据此，医生可以准确地诊断病情。此外，生物电的发现也为人类揭开神经传导的奥秘作出了积极的贡献。

生理学家研究神经肌肉标本的动作电位已有了100多年的历史，而对生物电的研究可追溯到更早的时期。公元前300多年亚里士多德观察到电鳐在捕食时先对水中动物施加震击，使之麻痹。直到18世纪电学的基本规律被发现后，人们才逐步认识到动物放电的性质。

1758年的一天，英国大科学家卡文迪许独自呆在书房里，他拿起一本书翻阅起来。偶然间，他看到关于古罗马时代科学文化的书中，记载了2 000多年前风行一时的用大黑鱼治病的方法。书上说，大黑鱼触到病人的腿时，病人会有发麻的感觉。卡文迪许对这个奇怪的现象产生了浓厚的兴趣。

在18世纪初期，随着电动机和电池的发明，人们已经知道了电。卡文迪许清楚，当接触人体时，就会产生发麻的感觉。这时，善于思考的他心里很快闪过一个念头：难道这大黑鱼身上带电？

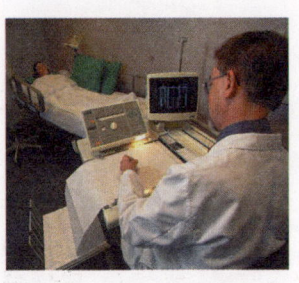

这个突如其来的想法让卡文迪许感到很兴奋，为了验证自己的设想，他设法弄到了这种大黑鱼，把它埋在潮湿的沙滩里。然后，他在这条鱼上面接上一个莱顿瓶，果然，莱顿瓶冒出了火花！就这样，卡文迪许第一个用科学的方法证明了生物电的存在。

无巧不成书。1786年，意大利科学家伽伐尼在解剖青蛙时发现：在钢刀碰到铜钩和肌肉时，在那一刹那，放在两块不同金属之间的青蛙腿弹了一下，并且有些颤动。这个偶然的现象引起了伽伐尼极大的兴趣，此

中心人物

意大利科学家伽伐尼（1737～1798）从小接受正规教育，1756年进入波洛尼亚大学学习医学和哲学。1759年从医，开展解剖学研究。1791年他把自己长期从事蛙腿痉挛的研究成果发表，这个新奇发现，让科学界大为震惊。伽伐尼的工作开创了电生理学的新时代，为现代生物电化学奠定了基础。

后他对这一现象进行了详细的研究。伽伐尼联想起实验室里的蓄电瓶，在通上电以后，瓶里的金属片也发生同样的颤动。因此，他猜想，青蛙腿上的肌肉和神经里面一定也蕴藏有电能。他把这种电称之为"动物电"，他认为这种电是生物组织中产生的，可以从脑出来，通过神经并积在筋肉中。1791年，伽伐尼在《论在肌肉运动中的电力》这篇著名的学术论文中叙述了自己的发现和观点。

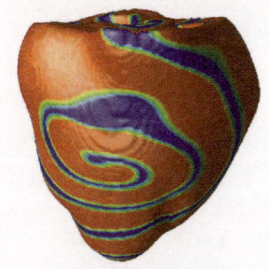

生物电产生的波

带有偶然性的伽伐尼的发现包含有必然性。法国唯物主义哲学家已指出过心理过程与物质的关系。显微镜技术和解剖方法已经广泛地使用在医学上。同时也发现了电存在于生物体内的事实（如电鳗）。卢昂科学院已有《确定出能计算电治疗疾病的程度和条件》这样的悬奖题目，可见社会上对这个问题的重视程度。

1792年，伏打成功地重复了伽伐尼的实验，但他不赞成伽伐尼的解释。他认为伽伐尼实验中的电源不是神经肌肉组织，而是由两种金属组成的回路本身所产生的电流。伏打的异议，促使伽伐尼进行更加严密地实验。1794年，伽伐尼和他的侄子把一条蛙肌直接与相连的神经相接，引起了肌肉收缩，在这个实验中没有使用金属，它成了证实动物体内确实存在动物电的新证据，从而为一门全新的学科——生物电化学的建立奠定了基础。

解剖青蛙的实验室

>> 更多介绍

尽管生物电早在18世纪就为人们所认识，但是生物为什么会产生生物电却一直是个困扰人的问题。直到20世纪50年代，人们才揭开其中的奥秘。原来就一般而言，生物的每个细胞都有完整的细胞膜并有两层脂肪分子，细胞膜内带电离子必须经过离子通道才能穿过细胞膜。平时，细胞离子多，细胞外溶液中钠离子多。

细胞内外产生电位差，这就是膜电位。一旦细胞膜通道细胞外高浓度梯度流向细胞内，就产生动作电位。一个个肌肉细胞排列整齐，上面布满神经，就如同把一个个小电池串联了起来。

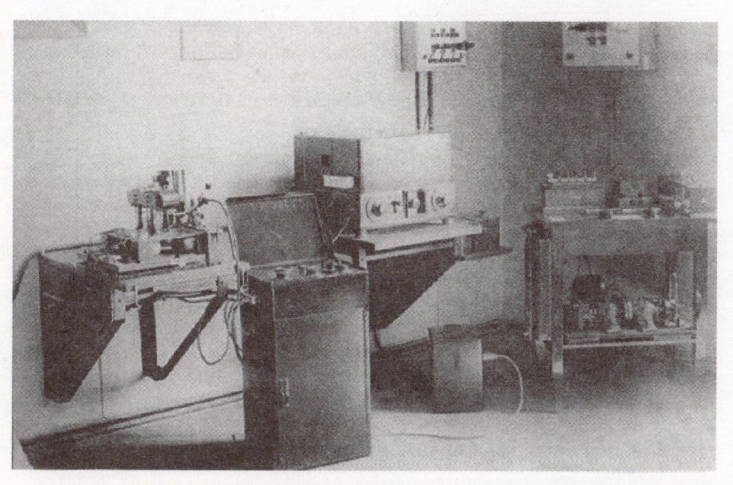

麻醉剂

17 世纪之前，需要进行手术的病人靠用烈酒、鸦片或曼德拉草根来减轻疼痛。然而，使病人失去知觉所需要的剂量很大，常常是致命的。17世纪后，手术是在病人处于抑制状态下进行的，因此，病人常常因疼痛而大声尖叫。自从麻醉剂偶然被发现后，病人就无须再恐惧手术了。

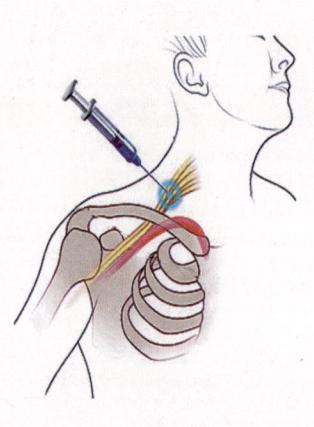

1798年，英国物理学家托马斯·贝多斯创建了一所气体研究所，目的是研究各种气体对人体产生的生理作用，希望能由此找到一些具有医疗作用的气体，同时还要搞清楚哪些气体对人体是有害的。

戴维正式到气体研究所上班后，接受的第一项任务就是配制一氧化二氮气体。戴维不负众望，很快就制出这种气体。当时，有人说这种气体对人有害，而有的人又说无害，各持己见，莫衷一是。制得的大量气体，只好装在玻璃瓶中留着备用。

1799年4月的一天，贝多斯来到戴维的实验室了解他的实验情况，谁知不小心将装一氧化二氮的瓶子打翻到了地上，他连忙俯身去拾打碎的玻璃器皿，奇怪的是，一向沉着、孤僻、严肃得几乎整天板着面孔的贝多斯，突然放声大笑起来，他还连连对戴维说自己被玻璃划破的手指一点都不疼。戴维随之也大笑起来。

两位科学家的笑声，惊动了隔壁实验室的人。他们跑来一看，都以为他俩得了神经病。等一阵狂笑之后，两人方才逐渐清醒，贝多斯的手指逐渐感到疼痛。看来，一氧化二氮不仅使他俩狂笑，而且使贝多斯麻醉不知手痛。

事隔不久，戴维患了牙病，他便请来牙科医生德恩梯斯·舍派特，医生决定把他的坏牙拔掉。当时根本没有什么麻醉药，医生硬把牙齿给拉了下来，疼得戴维浑身冒汗。这时，他猛然想起前不久发生在实验室的事——贝多斯手划破了，可闻了那一氧化二氮气体后却一

中心人物

汉弗莱·戴维（1778～1829），英国著名化学家。由于自幼家境贫困，15岁辍学，开始走上自学成才的道路。21岁时，戴维发现了笑气。从此，他成了闻名欧洲的青年科学家。后来，戴维继续从事科学研究，首先制取了金属钾、钠、钙、镁、钡和非金属硼，还发明了矿工用的安全灯。为人类作出了很大的贡献。

点也没感觉疼。于是，他赶忙拿过装有一氧化二氮的瓶子连吸几口，结果，他又哈哈大笑起来，同时也感觉不到牙痛了。

经过进一步研究，戴维证实一氧化二氮不仅能使人狂笑，而且还有一定的麻醉作用。戴维就为这种气体取了个形象的名字——笑气，于是一种麻醉剂诞生了。

在麻醉剂没有问世前，拔牙时带来的疼痛常常令人无法忍受。

1880年，戴维将关于笑气的研究成果写进《化学和哲学研究》一书，书中对一氧化二氮的麻醉作用进行了全面的评价，认为它是有历史记录以来最好的麻醉剂。

这一发现立即轰动了整个欧洲，外科医生们纷纷用笑气做麻醉药，使本来满是刺耳的喊叫声的手术室，弥漫着一片笑声。病人的痛苦也轻多了。

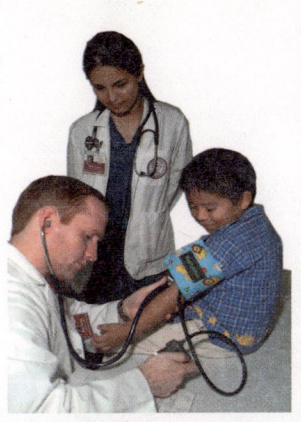

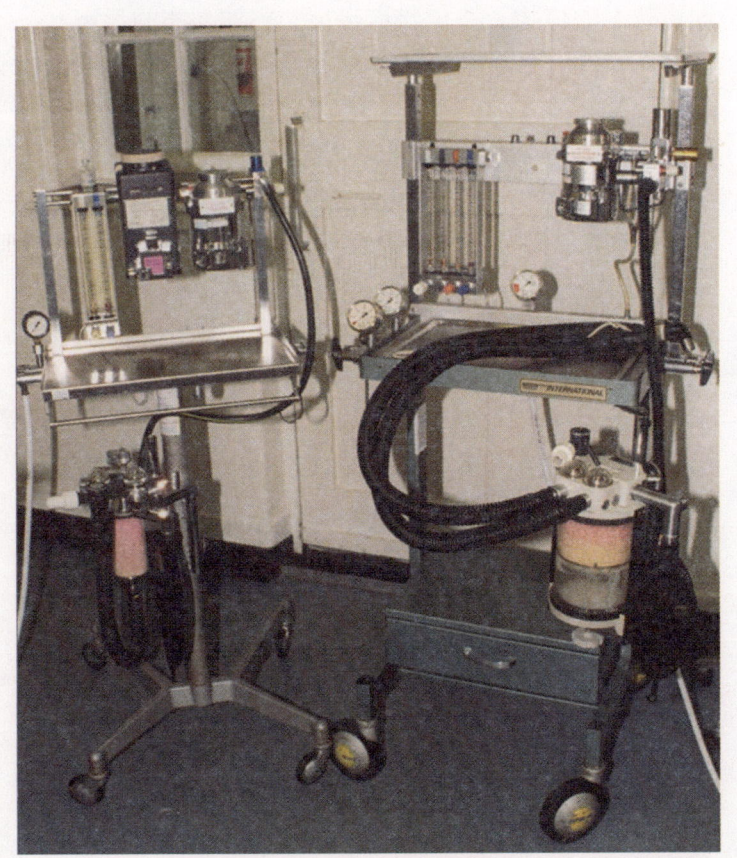

现代医疗中的麻醉机械

>> 更多介绍

氯仿的麻醉作用被发现也跟笑气一样，事出偶然。1847年，英国医生辛普逊和他的两个助手，正在实验的间隙闲聊，一会儿，他们说话渐渐地有点不利索了，像喝醉了酒似的昏昏沉沉，再过了些时候便一个个不能动弹了。当他们苏醒后，辛普逊认真寻找原因，发现氯仿能使人昏睡，这样，一种新的麻醉剂诞生了。虽然后来人们发现氯仿麻醉剂对人体有害，但它在相当长时间内为减轻病人痛苦作出了贡献。

进化论

达尔文在19世纪创立的进化论被许多学者誉为人类有史以来最重大的科学发现之一，直至今天，这一科学理论仍在科学领域，尤其使生物界大放异彩。它不仅是今天人类认识生物界的基石、生物学的理论核心，而且还大大推动了现代生物学的进展。

1831年12月27日，一艘英国海军所属的皇家勘探船"贝格尔"号扬帆远航了，其主要任务是测绘南美洲东西两岸和附近岛屿的水文地图，完成环球各地精确的计时测量工作。随行考察的年轻博物学家，正是后来成为伟大的进化论奠基人的达尔文。他在这次环球旅行中的主要任务是考察了解各地的地质和动植物资源情况。

身负重任的达尔文异常尽职，每到一处他都认真地收集各种资料、写下科学考察日记。风吹日晒，雷电交加的种种艰难困苦都未曾使他间断工作。1835年9月中旬，到达加拉帕戈斯群岛的时候，达尔文在考察中发现：岛上的植物、动物非常丰富，各种动物的形态、习性却不一样。就是同一种动物，也有差异。这一奇怪的现象引发了达尔文深层次的思考。他渐渐意识到，自然界的事实与神学教义似乎是不可调和的。离开加拉帕戈斯群岛时，生物进化的理论已经在他的心中萌芽。

"贝格尔"号的环球考察历时5年，于1836年10月结束。回国后，达尔文始终被生物为什么会发生变化这个问题困扰着，他决心揭开这个谜。他开始搜集动物、植物在家养条件和自然条件下发生变化的一切事实，诸如鸽子、金鱼、猫、狗、牛、鸡等动物及牡丹、菊花等各种观赏花和植物；达尔文还印发了大量的调查表，拜访了许多植物育种家和动物饲养家，听取他们培

中心人物

英国生物学家查尔斯·达尔文（1809～1882），从幼年起就对自然科学有着广泛、特殊的爱好，他违背父亲让他当牧师、学医的意愿，一门心思钻研博物学。1831年，达尔文有幸得到恩师亨斯罗教授举荐，参与了皇家勘探船"贝格尔"号去南美的科学考察。5年的环球考察经历，奠定了达尔文创立进化论的基础。1859年，他出版了巨著《物种起源》，标志着生物进化论的创立。达尔文划时代的贡献为人类科学事业的发展开辟了新的广阔前景，受到后人的景仰。

养良种的经验。经过 15 个月的系统调查和研究，他整理出了第一部物种变化的笔记，记录下了他对家养和自然条件下动、植物变异的观察和分析。

反复思考后，达尔文终于总结出一套理论：生物具有变异特性，生活条件改变时，就会出现个体差异。人们把那些符合人类利益的变异类型挑选出来，让它们传宗接代。由于生物的遗传特性，个体变异便传递下去，新的物种就形成了。达尔文将这种理论推广到自然条件下生存的生物上，大量事实说明，自然界同样存在类似人工选择的过程。

达尔文雀

受英国经济学家马尔萨斯《人口论原理》的启发，达尔文进一步完善了自己的思考，他认为：生物必须和生存环境作斗争，生物之间也为了争夺生存空间、阳光和营养而发生斗争。在生存斗争中，能够适应环境的物种就生存下来；不适应环境的物种就被淘汰。他将自己的理论总结为：生物适者生存，不适者被淘汰，这叫自然选择。

1859 年 11 月，达尔文的生物进化巨著《物种起源》正式出版。这部著作的问世，以全新的科学生物进化思想，推翻了神创论和物种不变的理论。《物种起源》是达尔文进化论的代表作，它标志着进化论的正式确立。

>> 更多介绍

《物种起源》的发表，在欧洲乃至整个世界都引起轰动，但当时却没有给达尔文带来任何荣誉。他的观点因激怒了西方的神学论者和教会势力而遭到诽谤和攻击，反动教会联合一些封建御用文人群起而攻之，他们诬蔑达尔文的学说"亵渎圣灵"，触犯"君权神授天理"，有失人类尊严。与此相反，以赫胥黎为代表的很多进步学者，积极宣传和捍卫达尔文的学说，他们义正严词地指出：进化论轰开了人们的思想禁锢，启发和教育人们从宗教迷信的束缚下解放出来。

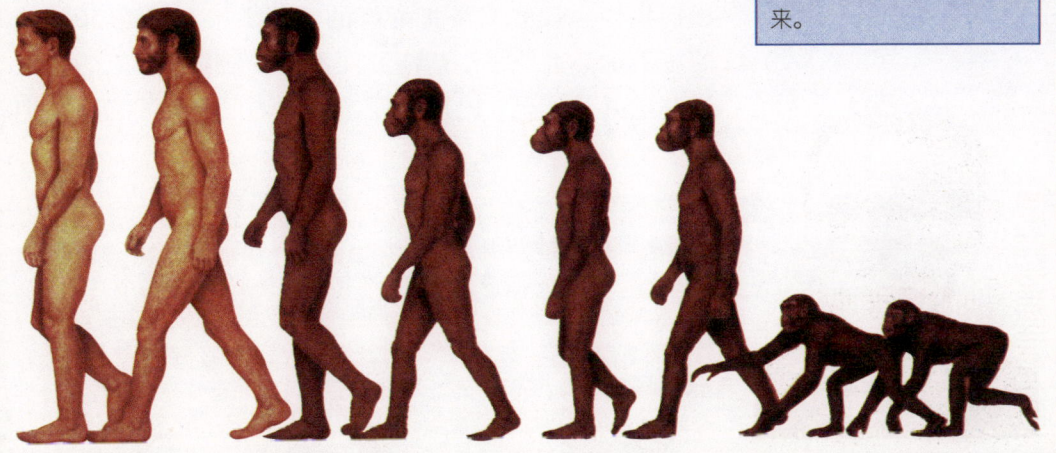

细菌学说

细菌学是微生物学的一个分支学科。细菌学主要研究细菌的形态、生理、生物化学、生态、遗传、进化、分类以及其应用的科学。在这个学科的建立过程当中，我们不能不提到被誉为"微生物奠基人"的法国科学家巴斯德，正是他开创性的贡献，才使得细菌学说逐步地发展和完善起来。

巴斯德在大学里学的是化学，由于他不到30岁便成了有名的化学家，法国里尔城的酒厂老板便要求他帮助解决葡萄酒和啤酒变酸的问题，他们希望巴斯德能在酒中加些化学药品来防止酒精发酵过程中变酸。

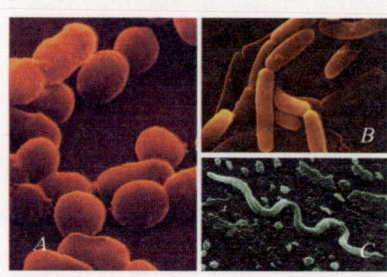

A 球菌；B 杆菌；C 螺旋菌

巴斯德与众不同的地方是他善于利用显微镜观察，这使他在化学上有过前人没有的重要发现。

所以在解决葡萄酒变酸问题时，他首先也是用显微镜观察，看看正常的葡萄酒和变酸的葡萄酒中究竟有什么不同。结果他发现，正常的葡萄酒中只能看到一种又圆又大的酵母菌，变酸的酒中则还有另外一种又细又长的细菌。他把这种细菌放到没有变酸的葡萄酒中，葡萄酒就变酸了。

据此，巴斯德认为空气中存在许多种细菌，它们的生命活动能引起有机物的发酵，产生各种有用的产物，并且发酵是酵母中的细菌造成的，并不是原先许多人认为的那样是由化学反应造成的。

根据自己对发酵作用的研究，巴斯德向酿酒厂的老板们提出建议，只要把酿好的葡萄酒放在接近50℃的温度下加热并密封，葡萄酒便不会变酸。酿酒厂的老板们开始并不相信。巴斯德便亲自在酒厂里做示范。他把

巴斯德的实验室

中心人物

路易·巴斯德（1822～1895）是一位科学家而不是一位医生，但他终其一生投入科学研究所获得的成果却在医学上具有重大的价值。巴斯德因证明了空气中有细菌存在而挽救了酿酒等工业，另外，他研发了炭疽病、狂犬病等多种疫苗来对抗疾病，他这种将科学和生活紧密结合、将科学适度地应用于生活的开拓精神，永远值得世人纪念。

几瓶葡萄酒分成两组,一组加热,另一组不加热,放置几个月后,当众开瓶品尝,结果加热过的葡萄酒依旧酒味芳醇,而没有加热的却把人的牙都酸软了。

巴斯德因确认出葡萄酒中的致害微生物,挽救了法国的经济,因而在法国名声大振。但他并未就此停下自己探索的脚步。空气中也存在着人和动物的病原菌,能引起各种疾病。为了排除杂菌,巴斯德于1863年创造了巴氏灭菌法,这种采用不太高的温度加热杀死微生物的方法直到今天还被我们用在食用牛奶的保鲜中。

巴斯德发明了巴氏灭菌法之后,1877年,他又提出细菌学理论,有利地驳斥了争论了几个世纪的自发病源学说。在这段时期,巴斯德又研究出鸡霍乱、炭疽、猪丹毒的菌苗,奠定了免疫学的基础。

德国医生罗伯特·科赫首先采用平板法得到炭疽菌的单个菌落,肯定了细菌的形态和功能是比较恒定的。自从单形性学说取得初步胜利之后,就建立了以形态大小为基础的细菌分类体系,随后又用生理、生物化学特性作为分类的依据,使细菌分类学的内容逐步得到充实。

17世纪末英国制造的复式显微镜

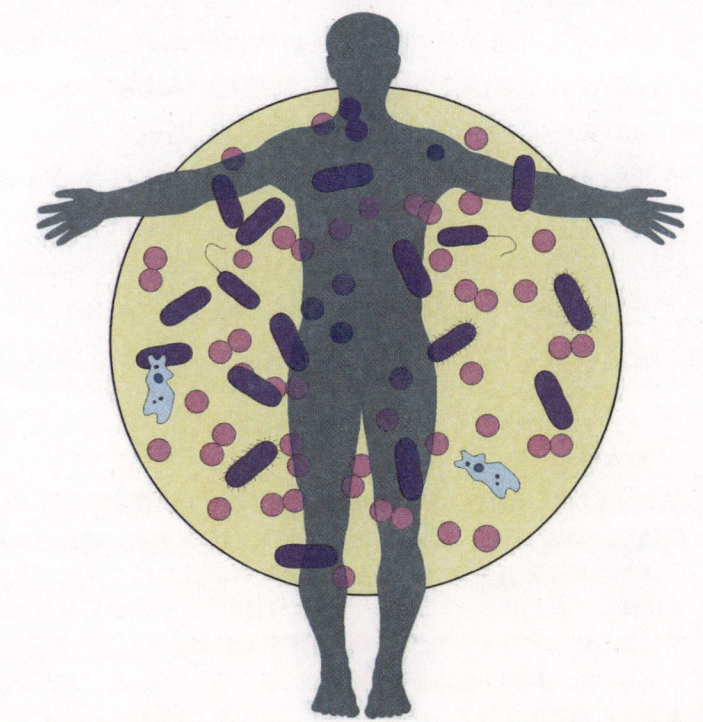

>> **更多介绍**

科学家巴斯德通过大量科学实验证明,如果加工时温度超过85℃,牛奶中的营养物质就会被大量破坏,因此人们将低于85℃的牛奶消毒法称为巴氏灭菌法,并将其视为牛奶最科学的加工工艺,采用巴氏灭菌法生产的鲜奶营养价值和原奶基本相同。而常温奶(即超高温灭菌奶)采用130~150℃超高温灭菌后灌装,不仅会破坏鲜奶中全部生物活性物质和大部分维生素,还会形成不易被人吸收的络合物。常温奶曾在一些国家流行过,但目前发达国家已禁止采用超高温工艺加工牛奶。

遗传学说

> **遗**传学作为一门独立的学科,对它的精确研究,是从孟德尔开始的。孟德尔选择了正确的实验材料——豌豆,并首次将数学统计方法应用到遗传分析中,成功揭示出遗传的两大定律:分离规律和自由组合规律。

欧洲从18世纪以来就大量开展了植物杂交的实验。奥地利的孟德尔对植物杂交和遗传现象很感兴趣,他在仔细阅读了大量前辈生物学家著作的基础上,从1856年开始从事豌豆杂交实验,他希望借此探索生物的遗传规律。

孟德尔用了34个豌豆品种,花了两年时间检验它们的纯种性,从中挑选出22个品种。经过仔细观察,在这22个品种中,他又选出7对具有明显差异性状的品种。然后,针对这7对相对性状,一对对地进行杂交和后代分析工作,这7对相对性状分别是:种子形状、种子颜色、种皮颜色、豆荚形状、豆荚颜色、花的位置、茎的高度。孟德尔发现,每对杂交的子一代都表现显性性状,但子一代自花授粉产生的子二代就发生显性性状与隐性性状的分离,而且显性类型数目与隐性类型数目都接近3∶1。

由此,孟德尔提出颗粒性遗传因子的概念,并推论遗传因子在生物的体细胞中成对存在,体细胞形成生殖细胞时,成对的遗传因子发生分离,分别进入不同的生殖细胞中。这就是我们今天所说的遗传分离规律或孟德尔第一定律。杂交子一代产生的生殖细胞随机两两结合的结果,便导致了子二代性状呈3∶1的分离。孟德尔所说的遗传因子具有颗粒性与独立性,不同的遗传因子在细胞中并不相互融合,形成生殖细胞时成对的遗传因

孟德尔用豌豆做的有关遗传规律的实验:黄豌豆和绿豌豆杂交,后代会以一定比例出现黄豌豆和绿豌豆,而不会产生黄绿色豌豆。

中心人物

孟德尔(1822～1884),奥地利遗传学家、遗传学的奠基人。1844年,他进入布隆大学哲学院学习神学,1853年夏,孟德尔从维也纳大学毕业回修道院。次年,他被委派到布吕恩技术学校任物理学和博物学的代理教师。他在那里工作了14年之久。在此期间他完成了著名的豌豆实验,但是他的发现当时并未受到学术界的重视。直到1900年,孟德尔定律才被重新发现。从此,孟德尔被公认为科学遗传学的奠基人。

子会相互分离。这种颗粒性遗传思想，使人们摒弃了以前长期流传的融合式遗传概念，这是孟德尔在科学思想史上的一项重大贡献。

在揭示了一对相对性状的遗传规律（分离规律）之后，孟德尔进一步研究两对相对性状的遗传。孟德尔发现，具有两对不同相对性状的亲本豌豆杂交所得的子一代，两对相对性状都只表现显性性状，但在子一代自交所得的子二代中，出现了 4 种不同类型，其中两种是两个亲本分别具有的性状组合，另外，还出现了不同于亲本的两种重新组合。孟德尔由此推论，在体细胞形成生殖细胞时，不同对的遗传因子可以自由组合。这就是我们今天所说的遗传的自由组合规律或孟德尔第二定律。

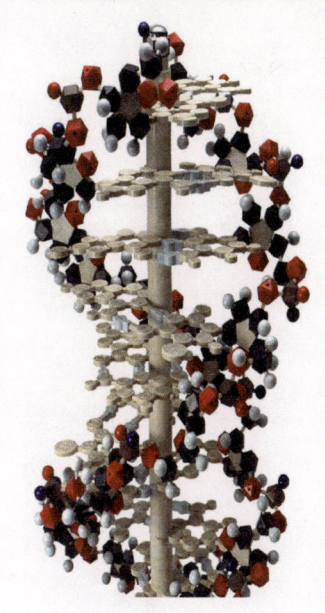

1865 年 2 月和 3 月，孟德尔两次在布隆自然科学协会上报告了他的实验研究结果，反映实验结果的论文《植物杂交的实验》发表在 1866 年《布隆自然科学协会会刊》第 4 卷上。但是他的理论成果在发表之初并未受到人们的重视，直到 1900 年，孟德尔定律才被重新发现和普遍接受，而这时距离他发表论文的时间已经过了整整 35 年！

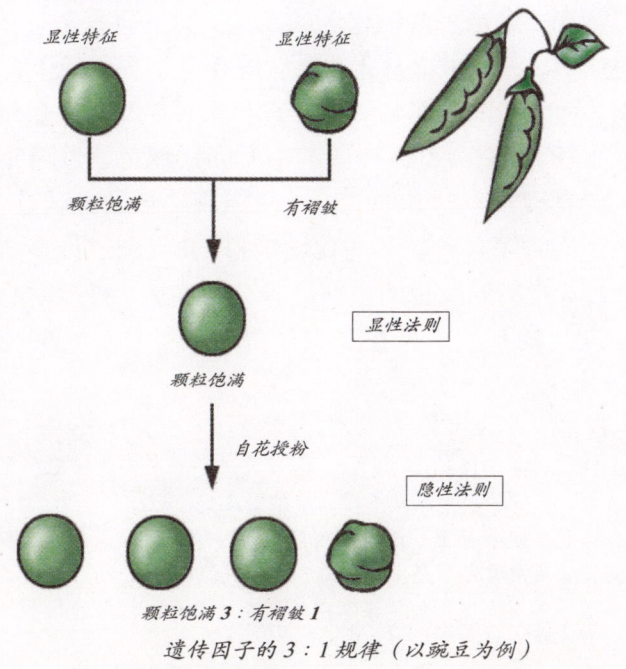

遗传因子的 3∶1 规律（以豌豆为例）

>> **更多介绍**

孟德尔从 3∶1 这样简单的整数比得到遗传因子具有颗粒性的概念，这是一种从整数比到颗粒性的逻辑推理。在他之后，1900 年，德国物理学家普朗克提出，只有当振子能量为某一常量的整数倍时，黑体辐射理论中的种种困难才能消除，从而推论微观形式的能量以颗粒性方式（量子）存在，创立量子论。这也是一个由整数比到颗粒性的逻辑推理的著名例子。

结核杆菌

在人类历史发展的长河中,人类为征服自然界,包括各种不治之症,演出了许多可歌可泣的故事。肺结核病,我国古称痨病,国外有些国家称为黑死病,也曾被视为绝症,一旦染上,几乎没有康复的希望,令人谈之色变。此外,霍乱、炭疽、昏睡病,都曾横行人类,给人类造成严重的灾难。在人类同各种疾病作斗争中,罗伯特·科赫是最杰出的科学家之一。1882年,德国细菌学家科赫首先发现了结核杆菌,开始了征服恶魔的征程。

在医学界,法国著名的微生物学家巴斯德认为,传染病是由某种微生物引起的,但由于无法通过观察证实,因而巴斯德的说法只能是一种猜测。巴斯德的这种猜测引起科赫极大的兴趣。

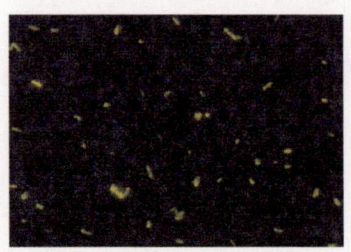

利用荧光染色法在显微镜下观察到的结核杆菌

大学毕业后的罗伯特·科赫在一个小镇上行医,他一心想为医学研究事业作出贡献。

通过努力,科赫于1875年发现了炭疽杆菌,从此,他在世界医学领域名声大振。

1880年,德国政府任命科赫为德意志帝国参事官和柏林医院的研究员,并在柏林医院设立了研究室,还给他配备了两位助手。

从1881年开始,科赫利用有利条件,开始了探究肺结核病因的实验。每当医院进行结核病人尸解时,科赫必定到场,带走一些结核病的结节。回到研究室,弄碎这些结节,涂在玻璃片上,然后放在高倍显微镜下仔细观察。每次和以前看到的一样,涂片上并没有什么异常的微生物。"它会不会和周围物质同样颜色,以至于我们无法发现?"科赫和他的助手决定用染色法试试看。他们动手准备了各种颜色的化学染料,并且制成许多结核节涂片,对不同颜色的染料进行分组实验。科赫耐心细致地逐片观察,果然在显微镜中发现了颗粒状的亮

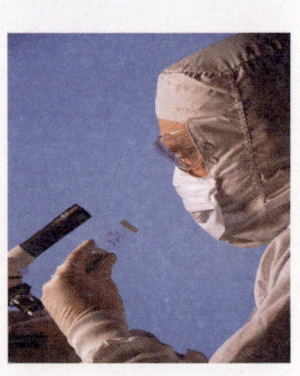

中心人物

罗伯特·科赫(1843~1910),从小立志将来献身于征服病魔的医学事业,19岁的他考入哥丁根大学学医,从此踏上了医学之旅。后来,他发现了炭疽杆菌、结核杆菌等一系列病菌,为人类征服各种顽固的传染疾病奠定了坚实的基础。为此,1905年,科赫获得了诺贝尔生理医学奖。德国的传染病防治研究院里还专门设有科赫纪念堂,以纪念他在科学上的卓越贡献。

点，这些亮点有的单个分散着，有的相互排列着。随后，他和助手找来柏林市内所有能找到的各种结核结节——包括人类的和动物的。然后，再用染色法制成的涂片进行观察。

大量观察的结果都显示，这些颗粒状的亮点都是同一种结核菌。科赫为发现了结核菌而欣喜异常。他不断地继续研究，16天后，终于用血清培养基获得了对结核杆菌的纯培养。他把这种纯培养接种到动物身上，动物也感染了结核菌病。至此，科赫终于成功地证实了结核杆菌是结核传染病的病因。

1882年3月24日，科赫在德国柏林生理学会上宣读了他发现结核杆菌的有关论文，并将论文发表在《柏林医学周报》上，引起医学界的轰动。他在发现结核杆菌后，科赫通过进一步研究又阐明了结核病的传播途径是空气和接触，这项发现使1～2级医院能及时制定对结核病人的新的防范规则，减少了病菌的扩散。

结核杆菌的发现，为研究药物和治疗方法提供了科学的依据，为人类征服结核病这个恶魔奠定了坚实的基础。

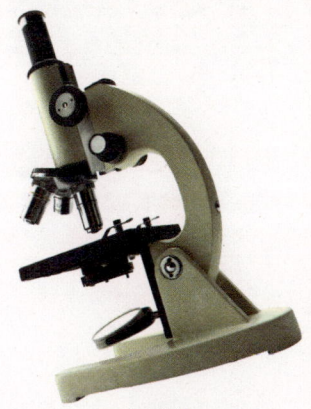

显微镜

>> 更多介绍

罗伯特·科赫在病原细菌学方面作出了非凡的贡献，人称"瘟疫的克星"，以下是一组有关他的统计资料：世界上第一次发明了细菌照相法；世界上第一次发现了炭疽热的病原细菌——炭疽杆菌；世界上第一次证明了一种特定的微生物引起一种特定疾病的原因；世界上第一次分离出伤寒杆菌；世界上第一次发明了蒸汽杀菌法；世界上第一次分离出结核病细菌；世界上第一次发明了预防炭疽病的接种方法；世界上第一次发现了霍乱弧菌；世界上第一次提出了霍乱预防法；世界上第一次发现了鼠蚤传播鼠疫的秘密……仅仅以上这些"世界第一"，足以向世人展示科赫对医学事业所作出的开拓性贡献，也使他成为在世界医学领域中令德国人骄傲无比的泰斗巨匠。

科学史上的伟大发现

病毒

病毒是最简单、最小的生命形式。病毒虽小，但对动物、植物以及人等大生物的影响和危害却是巨大的。现已知麻疹、流感就是病毒在历史上造成的人间悲剧，即使在科技进步的今天，病毒仍然在威胁着人类。艾滋病、传染病肝炎、小儿麻痹症等，都是由各种不同的病毒引起的。

病毒学是一门比较年轻的学科，从病毒的发现到目前仅有百余年的研究历史。然而，地球上的人类，其他动物和植物遭受病毒病的折磨已有许多世纪。许多记述表明至少在公元前2世纪印度和中国就存在天花；在家畜的病毒病中，狂犬病可能是最早有记载的，早在1566年就有了关于疯狗咬人致病的记录；第一个记载的植物病毒病的是郁金香碎色病，17世纪时的荷兰人非常喜欢郁金香，据记载一个得病郁金香球茎竟能换来牛、猪、羊甚至成吨的谷物或上千磅的奶酪。

在郁金香热高潮中，郁金香碎色病流行甚广。谈起植物病毒，首先要提到的就是烟草花叶病毒。100多年以来，烟草花叶病毒在病毒学发展史乃至遗传学、生物化学以及当代基因工程中起到了里程碑的作用。在病毒学研究的许多阶段，它都扮演着重要角色，它使人们了解到什么是病毒、病毒的结构、病毒的侵染、复制以及抗病毒基因工程等等。时至今日，它仍然是病毒学工作者的宠儿。

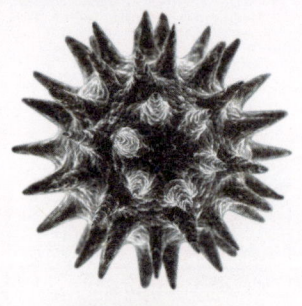

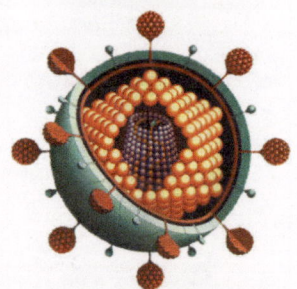

艾滋病病毒

1859年，斯威腾是最初描述烟草花叶病症状的人。但是明确知道病毒病则是1886年的事了。那时在荷兰工作的德国人麦尔被烟草的一种病态吸引住了，其症状

中心人物

贝杰林克（1851～1931），荷兰著名科学家，1884年任阿姆斯特丹皇家科学院院士，1906年任爱丁堡皇家植物学会名誉会员，1926年被聘为伦敦皇家学会会员。贝杰林克在研究上取得很多成就，除了在烟草的花叶病上发现了病毒外，他还发现了硫酸还原菌，研究了酵母的酶、脱氮、尿素水解以及微生物变异等。他的研究课题中，由细菌引起的物质变化及其与环境的关系，把生态学的方法卓有成效地导入了微生物学。

是感染叶子上出现深、浅相间的绿色区域,他在1886年将其称为烟草花叶病。通过对叶子和土壤的分析麦尔指出不能把此病归于无机物平衡失调。这可能是一个细菌病。

感染烟草花叶病毒的叶片

  1892年,从事烟草病工作的是年轻的俄国科学家伊万诺夫斯基,他发现感染花叶病的叶汁,即使经过特殊的烛形滤器的过滤也仍具有传染的性质。这项观察提示了存在一种比以前所知的任何一种都小的病原,他认为该病是由产生毒素的细菌引起的。

  1898年,荷兰科学家贝杰林克重复了伊万诺夫的实验,他从患花叶病的烟草叶中挤出了一些汁液,并使之通过特制的滤器处理,然而结果表明滤液仍有侵染性。贝杰林克相信他的滤器阻挡住了细菌。将汁液置于琼脂凝胶块的表面时,发现侵染性物质在凝胶中以适当的速度扩散,而细菌仍滞留于琼脂的表面。因此认为这种侵染性物质要比通常的细菌小。贝杰林克用病毒(Virus)来命名这种史无前例的小病原体。不难看出真正发现病毒存在的人是贝杰林克。

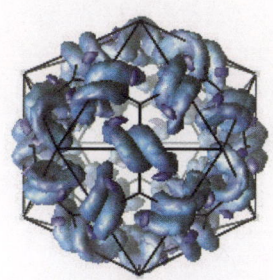

烟草花叶病毒示意图

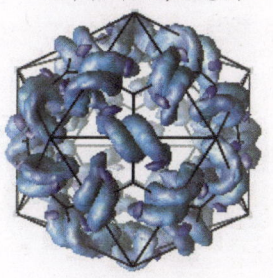

  伊万诺夫斯基和贝杰林克通过他们创造性工作发现了烟草花叶病毒,从而开创了病毒学独立发展的历程。

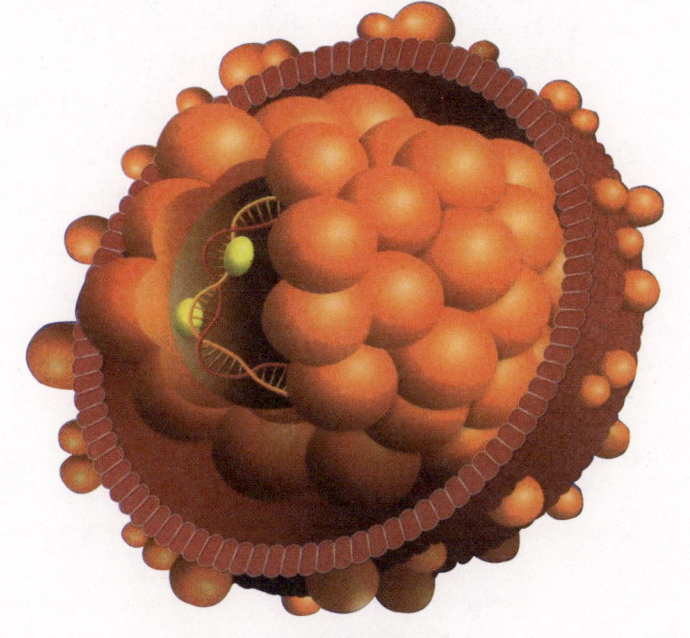

乙型肝炎病毒

>> **更多介绍**

  动物、植物病毒特别是相当多的动物病毒,其核衣壳外面还有一层或多层由糖蛋白、脂类所构成的囊膜把它们包裹起来,如流感病毒、疱疹病毒、狂犬病毒、水泡性口膜炎病毒以及小麦丛矮病毒等。绝大多数病毒必须用电子显微镜才能观察,测量病毒大小的单位是纳米。多数单个病毒粒子的直径在100纳米左右,也就是说,把10万个左右的病毒粒子排列起来才可能用眼睛勉强看到。

科学史上的伟大发现

维生素

维生素别名维他命，顾名思义，它是维持生命的要素之一。人体中如果缺少维生素的话，就会患各种疾病。现代科学进一步肯定了维生素对人体的抗衰老、防止心脏病、抗癌方面的功能，那么维生素是怎么被人们发现的呢？在这个过程中人类又付出了多少代价？让我们一同来回顾这个艰辛而漫长的历程。

人类发现维生素经历了一个漫长的过程。在第一种维生素被发现之前，许多特定食物的一些特殊的预防疾病的作用就早已被人们发现。这当中最早的当数3 000多年前古埃及人，他们发现了一些可以治愈夜盲症的食物，虽然他们并不清楚食物中什么物质起了医疗作用，但这是人类对维生素最朦胧的认识。

中国唐代医学家孙思邈（581～682）也曾经指出，用动物肝可以防治夜盲症，用谷皮熬粥可以防治脚气病。实际起作用的因素正是维生素。

1893年，年轻的荷兰军医艾克曼来到了印度尼西亚的爪哇岛。当时，岛上的居民正流行严重的脚气病。艾克曼用了很多办法来医治这种病，都没有取得什么理想的效果。很快他自己也被传染，而且连用来做实验的鸡也未能幸免，实验的鸡群里暴发了神经性皮炎，表现与脚气病极为类似。说来奇怪，后来，那些患脚气病的鸡竟然不治而愈了。艾克曼专心地研究，直到1907年才终于查明，脚气病起因于白米。鸡吃白米得了脚气病，如果吃粗饲料就安然无恙。他自己也开始改吃粗粮，果然，感染的脚气病很快就好了。艾克曼于是推测白米中含有一种毒素，而米糠中则含有一种解毒的物质。但是荷兰的格林却不这样认为，而是从另一个角度推测：白米中缺少一种关键的成分，而这种成分就在米糠里。后来的事实证明，格林的推测是正确的，白米中缺少的正是维生素。

富含维生素的饮品

中心人物

艾克曼（1858～1930），荷兰生理学家、近代营养学先驱。早年曾在阿姆斯特丹大学学习。1883年和1886年，他两度以军医的名义赴东印度群岛，调查当地脚气病的致病原因，他的潜心研究为维生素的研究奠定了基础。为了赞誉艾克曼发现维生素的先驱作用，1929年，他与英国生物化学家霍普金斯共同荣获了诺贝尔生理医学奖。

1906年，英国生物化学家霍普金斯用纯化后的饲料喂食老鼠，饲料中含有蛋白质、脂类、糖类和矿物质微量元素，然而老鼠依然不能存活；而向纯化后的饲料中加入哪怕只有微量的牛奶后，老鼠就可以正常生长了。这一实验证明食物中除了蛋白质、糖类、脂类、微量元素和水等营养物质外还存在一种被他称为辅助因子的特殊物质。

1911年，波兰化学家丰克发现糙米中能够防治脚气病的药用物质（维生素 B_1）是一种胺（一类含氮化合物），他将此种物质从米糠中分解出来后，并证明人体内如果缺少了它，就容易疲倦、食欲不振、浑身酸痛和患脚气病。同年，丰克发表了这一研究成果。他还提议将这种化合物叫做 Vitamine，意为 Vital amine，中文意思就是致命的胺，由此可见它的重要性。这个名词迅速被普遍应用于所有的这种辅助因子。

维生素 B_1 是人类发现的第一种维生素，随着时间的推移，越来越多的维生素种类被人们发现，维生素成了一个大家族。人们把它们排列起来以便于记忆，维生素按 A、B、C 一直排列到 L、P、U 等几十种。

尽管随后人们知道，许多其他的维生素并不含有胺结构，但是由于丰克的叫法已经广泛采用，所以这种叫法并没有废弃，而仅仅将 amine 的最后一个 e 去掉，成为了 Vitamin（维生素，音译为"维他命"）。

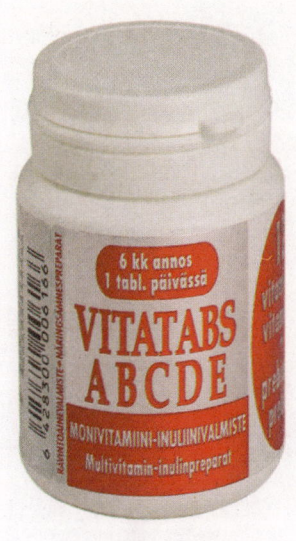

维生素类药物

>> 更多介绍

1912年，霍普金斯和丰克推出维生素缺乏假说，推测人体系统中如果缺乏特定的足够量的维生素，将会引起特定的疾病。在19世纪初，通过提供缺乏特定成分的食物给实验动物食用的方法，科学家们成功的将各种如今大家熟知的维生素分离并且鉴别了出来。霍普金斯也因参与了维生素的发现工作与艾克曼一同分享了1929年的诺贝尔生理医学奖。

黄热病

黄热病俗称黄家伙，是一种由黄热病毒引起的急性传染病。1900年，这种严重的传染病曾横扫古巴，使成千上万的人，包括协助建立古巴共和国的美国士兵都死于非命。最终让令人恐慌的黄家伙停止肆虐的，是美国一个名叫沃尔特·里德的医生，他虽未曾发现黄热病的病菌，但他发现了带菌者。对世界来说，这是一份无价的礼物，这份礼物使人们从可怕的疾病中解脱出来。

1900年，一种可怕的疾病正疯狂地吞噬着整个古巴。成千上万的人死于非命，古巴上空笼罩着因黄热病而引起的死亡阴影。当时，美国派出的驻军正在古巴。

在瘟疫刚开始时，美军将士颇不以为然，直到一些美国士兵也染上了这种病，一批又一批被夺去生命。美国驻军和古巴方面都采取了种种对策，但收效甚微。濒临绝望的驻军被迫向美国陆军总部告急，请求援助。于是，美国陆军总部立刻成立黄热病委员会，由沃尔特·里德和另外3名医生组成，专程前往古巴研究对策。

里德一行在发病的高峰时期赶到，当时正值亚热带炎热盛夏，他们不顾旅途劳顿和酷暑，立刻投入到了紧张的工作当中。他们首先和古巴医生合作，调查了解有关黄热病的症状、发病范围和已经采取过的措施等。不过，在工作的开始阶段，研究工作并没有取得实质性的进展。

里德于是回忆起一位古巴医生早先提出过的一种没有人相信的理论——黄热病是由蚊子传播引起的。走投无路的情况下，里德力排众议，决心对这一理论进行验证。

于是，里德和助手们开始搜集蚊卵，把它们培植孵化成几百只蚊子，并把它们放进医院去咬黄热病人。随后，研究组的一位成员自愿让感染过的蚊子咬自己。果然，他很快就染上了严重的黄热病，但又慢慢地康复

中心人物

美国医生沃尔特·里德（1851～1902）在细菌性疾病方面取得很大成就，最值得称道的是，他曾有效地扑灭了蔓延古巴的黄热病，并找出了传染黄热病的根本原因，使黄热病在世界范围内得到控制。今天，在华盛顿，有一所大医院就是以他的名字命名的；在位于阿林顿国家公墓的他的坟前，铭刻着这样的碑文："他为人类控制了致命性的瘟疫——黄热病。"

了。又有一位志愿者受试，受试情况仍然如此。正当里德为研究工作有所进展而高兴时，拉齐尔博士意外地被蚊子咬了，他染上黄热病后却没能再康复，为研究黄热病献出了自己宝贵的生命。这次意外的不幸让里德很是悲痛，但他更坚信自己这个研究方向是正确的。

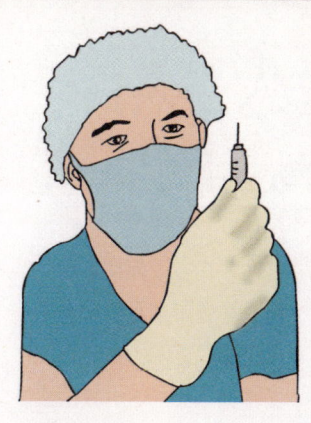

为了进一步深入研究，他建起两间隔离室。其中一间让志愿受试者接受感染的蚊子叮咬，另一间让志愿受试者一连几天穿着黄热病死者的衣服睡觉，身上还盖着死者用过的毯子。结果，第一间隔离室里的人都染上了黄热病，而第二间隔离室却没有一个人患病。这证明真正传播黄热病的是蚊子。那种衣服能传染黄热病的说法已经不攻自破了。里德立即公布了这一研究成果。

于是，古巴境内掀起了一场前所未有的灭蚊运动。结果一连3个月没有再发现一例黄热病患者，这是200年来古巴城市第一次根除了黄热病。很快，其他地方的卫生人员也铲除了蚊子的孳生地，过去几个世纪以来遭受黄家伙危害的其他城市和港口，也得以从这种可怕的疾病中解救出来。

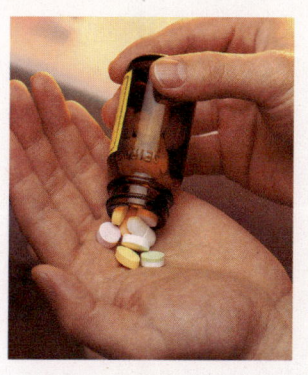

里德虽然没有发现黄热病的病因，但却发现了它的带菌者。正是因为他的发现，使人类从此不再惧怕可恶的黄家伙，他的贡献将永载史册。

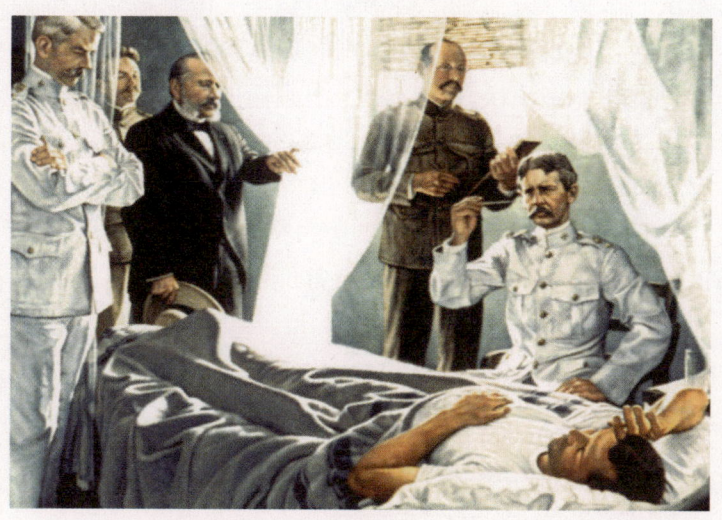

1900年左右，很多美国士兵死于黄热病。

>> 更多介绍

黄热病起初的症状是发高烧，接着出现黄疸，有时也会伴有剧烈的呕吐。许多人因为患此病而失去了生命，尤其是在南美和北美。里德发现了黄热病的病因后，人类就可以有针对地消灭其带菌者的孳生，从而有效地预防黄热病的发生。如今，黄热病已在全世界范围内得到控制，受此病威胁的也只是为数甚少的小地方了。

Great discovery in Science history

科学史上的伟大发现

血型

人体内环流不息的血液是生命的源泉。一旦大量失血，就会引起休克，甚至死亡。如果能及时输入健康人的血液，就能挽救许多垂危病人的生命。输血如今已是常用的急救治疗方法，而让输血变得更加安全、有效的应当归功于血型的发现。这一重大发现为人与人之间的输血铺平了安全的道路，使在医学发展史上，留下了辉煌的一页。

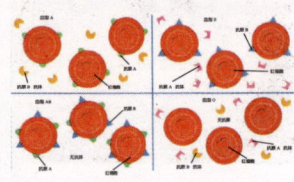

血型示意图

血型的研究过程从一开始就和输血疗法密不可分。因此，要了解血型的发现过程，就必须先从输血的历史谈起。

1665年的一天，英国科学家查理·罗尔看到一条出了意外的小狗，因失血过多而濒临死亡。他尝试着将一条健康狗的血管间接地与那条奄奄一息的小狗的血管连通，过了一会儿，小狗竟神奇地起死回生了。查理·罗尔的大胆尝试，使人们第一次认识到在不同个体间输血是可能的。这个300多年前的实验是后来输血技术发展的萌芽。

1668年，在法国医生丹尼斯的诊室里，一位年轻的妇女恳求医生把羔羊的血输入她性格暴戾的丈夫的身体里，她的丈夫也同意这样做。丹尼斯医生出于无奈，被迫答应了他们的请求，开始进行人类历史上第一次为人体输血的工作。但是，手术中这名男子突然心跳加快，最后无法挽救死去了。丹尼斯医生因此被人指控为过失杀人而入狱，从此再也没有人敢采用输血的技术了。

在丹尼斯医生输血事件沉寂了150年后，1818年，英国的生理学家兼妇产科学家詹姆士·博龙戴尔医生为了预防一位难产的孕妇在生产时突然发生大出血危及性命，果断地做出决定，立即为孕妇输血。他将一名健壮的男子的血输给了那位失血过多的产妇，终于使她得救了。同年12月22日，詹姆士医生在伦敦医学年会的讲台上做了人与人之间输血成功的第一例报告。但随后的医疗实践中，并非每个受血者都能够获得救治，甚至有

中心人物

卡尔·兰德斯坦纳（1868～1943），奥地利著名的医学家。他因发现了A、B、O、AB四种血型中的前三种，而于1930年获得诺贝尔医学及生理学奖。兰德斯坦纳对于人类血型的杰出研究成果不仅为安全输血和治疗新生儿溶血症提供科学的理论基础，而且对免疫学、遗传学、法医学都具有重大意义。

132

科学史上的伟大发现
Great discovery in Science history

的还出现严重的生理反应而加速了死亡。输血技术还有许多问题亟待解决。

奥地利医生兰德斯坦纳在维也纳病理研究所工作时也注意到了这个问题，他深知这一现象的存在对病人的生命是一个非常危险的威胁，医生的道德操守促使兰德斯坦纳开始了认真、系统的研究。长期的思索促成了灵感的迸发，有一天，他终于想到：会不会是输入的血液与受血者身体里的血液混合产生病理变化，而导致受血者死亡？

1900年，兰德斯坦纳用22位同事的正常血液交叉混合，发现红细胞和血浆之间发生反应，也就是说某些血浆能促使另一些人的红细胞发生凝集现象，但也有的不发生凝集现象。于是他将22人的血液实验结果编写在一个表格中，通过仔细观察这份表格，发现表格中的血型可以分成3种：A型、B型和O型。

1902年，兰德斯坦纳的两名学生把实验范围扩大到155人，发现除了A、B、O三种血型外还存在着一种较为稀少的类型，后来称为AB型。到1927年经国际会议公认，采用兰德斯坦纳原定的字母命名，即确定血型有A、B、O、AB四种类型，至此ABO血型系统正式确立。

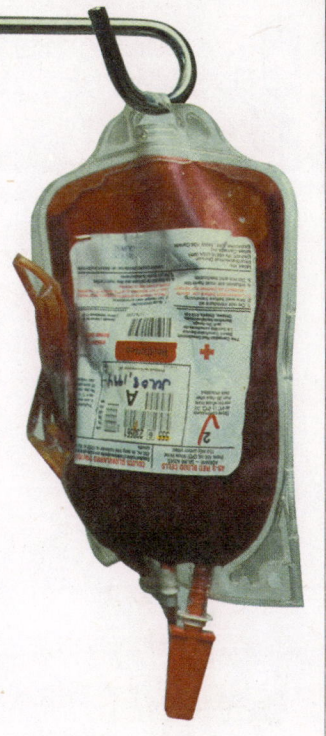

每个输血的病人在输血之前，都必须把采集到的病人血样进行化验，以免输血产生不良反应。

>> 更多介绍

对于血型的研究还在继续。1940年，兰德斯坦纳与维纳用恒河猴的红细胞注射到豚鼠腹腔，经反复注射后，发现豚鼠血清中出现了抗恒河猴红细胞的抗体（即RH抗体）。用含有RH抗体的血清与人的红细胞混合，发现有85%的白种人血液发生凝集，说明这些人的红细胞中含有RH抗原，故称RH阳性血型；另外15%的人的血液不凝集，说明其红细胞不含RH抗原，故称RH阴性血型。这样另一套血型系统产生了，即RH血型系统。

133

精神分析学说

科学史上的伟大发现

弗洛伊德的精神分析学说已经产生一个多世纪了。在这一个世纪中，其影响渗透到医学和整个社会科学中，对哲学、心理学、伦理学、美学以及文学和艺术影响尤为强烈。所以西方学者把弗洛伊德无意识的发现，比作哥白尼发现太阳系和哥伦布发现新大陆。

弗洛伊德是一位精神科医生，他的精神分析理论是他从治疗精神病人的实践中总结出来的。

1881年，布罗伊尔的一位病人引起了弗洛伊德的浓厚兴趣，他们在后来写的书中称这位病人为安娜。她患有多种癔病的症状，如上下肢瘫痪以及视力、说话和记忆障碍。在催眠状态下，布罗伊尔询问病人每一个症状是在什么时候开始发生的。当她回忆起与每一症状相关的令她烦恼的事件时，这些症状一个个地消失了。1895年，弗洛伊德和布罗伊尔发表了这种被安娜称为"谈话治疗"的方法。

弗洛伊德继续研究出了一种更好的方法，追踪引起情感障碍的神秘的癔病病因。

病人从容地坐在椅子上，讲任何他们想要讲的事情。逐渐地病人会讲他们的希望和过去那些使他们烦恼的事情。弗洛伊德说是那些埋藏在头脑潜意识里的希望或记忆使他们发病。弗洛伊德把这种治疗称为"精神分

上图为施温德所绘的《囚犯的梦》，弗洛伊德视为"欲望实现"的典型。

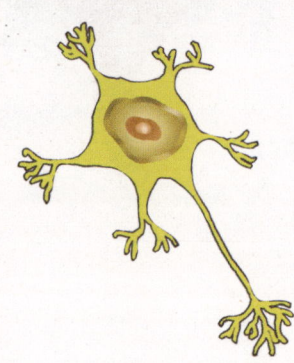

神经细胞

中心人物

西格蒙德·弗洛伊德（1856～1938），奥地利精神病学家、心理学家。在长期的医疗实践中，他对临床精神病理学产生了浓厚的兴趣，经过刻苦钻研，他形成了自己的独特理论，创立了精神分析学说，对心理学及人们全部的精神生活产生了巨大而深远的影响，其主要著作有《释梦》等。

134

析法"。

1900年，弗洛伊德出版了《释梦》一书，标志着精神分析学说的正式创立。

这是迄今为止仍在欧美各国广为流行的一种心理治疗学派和方法。弗洛依德先提出了无意识理论，即提出人在不知不觉中还存在另外一种心理过程，它和意识一样，主宰着人的正常和异常心理活动。弗洛依德把人的心理结构分为三个部分，即意识，前意识和无意识。意识是人对客观现实的自觉反应。前意识是内容，只要借助于注意，就可以进入到意识之中。但无意识里的内容，要想进入到意识中去，就会受到抗拒，似乎有某种主动力量压制着这种观念。为了说明这些概念，弗洛依德曾用一个客厅和它的接待室作比喻：在接待室里，有无数无意识观念争着要进入客厅，但门口的检查者只允许那些"善良者"进入。一旦走进了客厅，就等于进入了"前意识"，它们就可以得到"自我"的注意。那些被检查者拒之门外的无意识观念，经过乔装打扮，或则在入睡的条件下进入梦境，或则在心理异常的情况下，以异常的力量压倒检查者强制闯入意识之中。

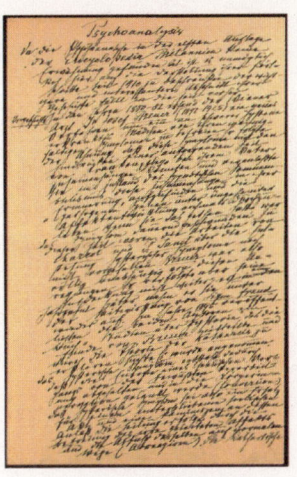

心理分析手稿

由于弗洛依德对人类心灵的深刻洞察和精辟阐述，曾被爱因斯坦称为"我们这一代人的导师"，他的理论和对于神经症的治疗技术仍被今天心理治疗广为采用，对人类社会影响很大。

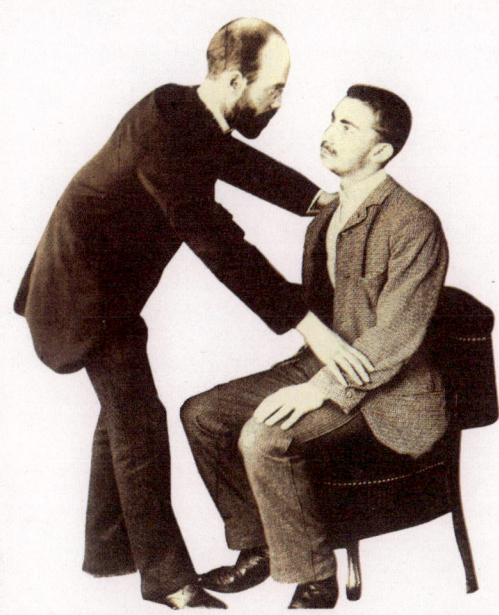

人进入催眠状态后仍能控制身体活动，所以说催眠本质上属于心理学范畴。

>> 更多介绍

弗洛伊德精神分析学说的核心是无意识理论，其最大特点是强调人的本能的、情欲的、自然性的一面。弗洛伊德将人的心理活动分为三个层次：意识、前意识、无意识（又叫潜意识）。这当中，他最重视无意识，他认为无意识主要包括人的本能以及种种被压抑的心理内容。弗洛伊德以释梦、研究日常生活的错失行为、遗忘及神经症患者的症状来探讨人的无意识。他认为，梦有时可以显示神秘的潜意识里的东西。梦并不直接包括实际的事件或被压抑的希望，而是将它们转变了，使人们不知道它们的真实含义。

条件反射

动物和人都具有反射活动。如婴儿生下来就会吮奶、吞咽,手指碰到烫的东西会马上缩回等等。这些都是人和动物的先天本能,不需任何训练,就可一直保持下去。巴甫洛夫将此称为非条件反射。除此之外,他还建立了条件反射的理论,这些理论,是有史以来第一次对人类特有的高级神经活动所作的科学论述,它为研究人类大脑皮层的活动开辟了新的途径。

20世纪初,俄国生理学家巴甫洛夫创立的关于神经系统的"条件反射"学说,把生物生理学最重要的神经系统研究分支推进到了高级神经活动研究的新阶段。

人类对生物神经系统的探索,已有数千年的历史了。还在很古的时候,人们就观察到了神经,但对神经的结构和功能没能理解。

巴甫洛夫出生的时候,正赶上生物神经系统研究飞速发展的时期。

19世纪末的一天,实验生理学家巴甫洛夫在研究胃反射的时候,注意到了一个奇怪的现象:没有喂食的时候,狗也会分泌胃液和唾液。比如,在正式喂食前,如果狗看见喂养者或者听见喂养者的声音,就会分泌唾液。他认为,一定有什么原因来解释在没有食物的情况下狗也会分泌唾液这一现象。一个最为明显的解释就是:狗意识到进餐时间快到了,正是这个念头刺激狗分泌唾液。

然而,巴甫洛夫不愿轻易的采用这种主观的猜想,他以生理学家的眼光提出了自己的解释,他认为,这完全是个生理学现象:狗是由于看见或听见刺激——经常喂食的人而在大脑里面产生一种反射,这种反射引起了精神性分泌。但这些跟唾液和胃液并没有直接关系的刺激,是在什么时候以什么方式引起分泌唾液的反应的呢?巴甫洛夫并不清楚。从1902年开始,他就对这一现象进行研究,而他的整个后半生也就用来研究这个现象。

巴甫洛夫的实验室

中心人物

俄国生理学家伊凡·彼得罗维奇·巴甫洛夫(1849~1936)是俄国一个乡村牧师的儿子,他在当地的神学院受教育,后来就读于彼得堡大学,专修动物生理学,后来,他出国深造,与当时最杰出的生理学家们一块儿从事研究。回国以后,巴甫洛夫任职于彼得堡军事医学院,他将全部心血都投入到关于消化的研究上,并以其在消化方面的杰出研究而获得了1904年的诺贝尔奖。

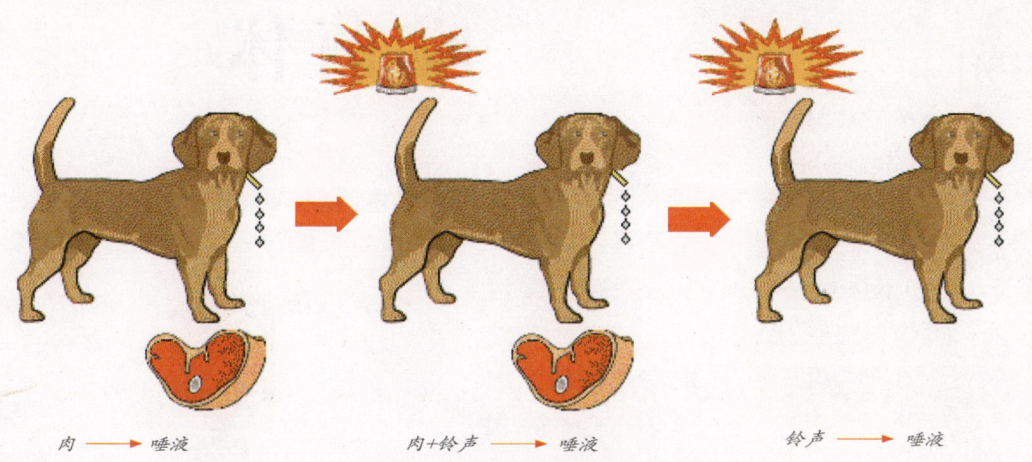

巴甫洛夫做的狗的条件反射实验

为了研究是什么东西引起狗的反射性行为，巴甫洛夫设计了这样的实验：在喂食之前先出现中性刺激——铃声，铃声结束以后，过几秒钟再向喂食桶中倒食，观察狗的反应。起初，铃声只会引起一般的反射——狗竖起耳朵来——但不会出现唾液反射。但是，经过几轮实验之后，仅仅出现铃声狗就会分泌唾液。

巴甫洛夫把这种反射行为称为条件反射，把铃声称为分泌唾液这一反射行为的条件刺激；而把食物一到狗的嘴里，唾液就开始溢出这种简单的不需要任何培训的纯生理反应称为非条件反射，将引起这种反应的刺激物——食物——称为非条件刺激。

为了验证条件反射的存在，巴甫洛夫和他的助手们变换了各种形式。他们变换了中性刺激，在喂食前使灯光闪动，或者在狗可以看见的地方转动一个物体，或者某个可以碰触到狗的物体，或者拉动狗圈上的某个部位，总之，各种可以被狗感受到的中性刺激都试过了；他们甚至还尝试了改变中性刺激与喂食之间的间隔时间，结果都证明条件反射的确是存在的。

巴甫洛夫的条件反射学说具体地、科学地阐明了动物机体如何同它的外环境建立精确的相互关系，开辟了高级神经活动生理学的研究领域，引起了生物科学的革命，把生物学研究推进到了一个崭新阶段。

>> 更多介绍

巴甫洛夫在70高龄时，开始了对人脑活动奥秘的探索。他发现，人的高级神经活动比动物有了很大地发展。其显著标志是：引起人类条件反射的信号刺激可分为两类：一类是现实的具体的信号，如声、光、皮肤刺激等，这是与动物共有的，称为第一信号；另一类是抽象信号，即词（包括听到的语言和看到的文字所包括的意义），因为这是第一信号的信号，故称为第二信号。动物只会对第一信号产生反应，它们的大脑皮层只具有第一信号系统；人类的大脑皮层既具有第一信号系统，又具有第二信号系统。

科学史上的伟大发现

噬菌体

无论是人、动物、植物还是微生物，都无可避免地会受到病毒的折磨，就连细菌也都存在有自己的病毒，这些吃细菌的生物体，被人称为噬菌体。自从1915年第一篇关于噬菌体的文章出现，到今天已经有70多年的历史，噬菌体已经在分子生物学的舞台上发挥了非常重要的作用。

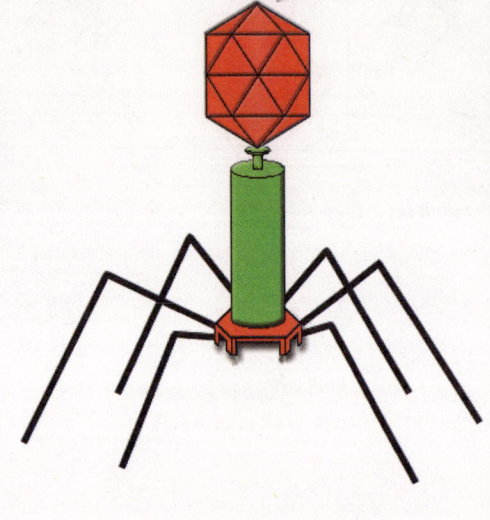

1915年，英国微生物学家特沃特在固体培养基上培养着一批细菌，在细菌生长的过程中，他一直观察着细菌的生长情形，结果他意外地发现到他的细菌有些异常现象：即在细菌的菌落上有些部分慢慢地形成一种透明的胶体状。

特沃特是一位喜欢追根究底的人，他开始去追究为什么有些细菌会变成透明的胶体，首先他检查那些形成透明胶体的部分，发现那里面的细菌看不到了，接着他粘了一小部分的胶体东西放到生长正常的细菌群落上，不久之后，发现与胶体接触到的细菌也形成一种透明的胶体状，经过一再的重复实验之后，他认为在那胶体中一定有某一种因子存在。

由于第一次世界大战的影响，研究未能继续进行。1917年，法国医官埃雷尔提出有一种看不见的微生物能与痢疾杆菌发生拮抗作用。他认为这是一种捕食杆菌的微生物，并命名为噬菌体。他认为有一种光学显微镜所看不到的微生物存在着，这种生物可以寄生在细菌体

中心人物

英国的微生物学家特沃特（1877～1950）和法国的医官埃雷尔（1873～1949），两人在1915～1917年，先后发现了细菌病毒——噬菌体，病毒的发现使人们对生物的概念从细胞形态扩大到了非细胞形态。他们在分子生物学的舞台上起到了非常重要的作用。

内,最后将整个细菌破坏掉。埃雷尔把细菌培养在液体的培养液中,等到细菌增殖到浑浊状时,加入他所认为的微小生物,则数小时之后,细菌培养液就变成透明的澄清液,他将这种液体用Procelin过滤(Procelin是由陶土烧成的,有极微小的孔隙,普通的细菌滤不过去,但是比锡金微小的粒子可以被滤过去),然后,将滤过液滴到生长于固体培养基的细菌群落上,则在细菌群落上出现了与特沃特所看到的相同现象。埃雷尔当时很肯定地认为那种能够使细菌分解掉的因子是一种微生物而不是化学物质。

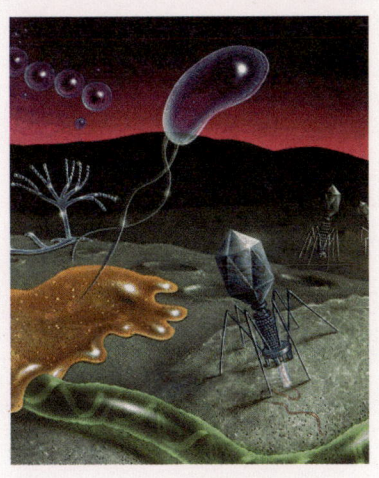

噬菌体侵染细菌

埃雷尔虽然言中了,但在当时他并没有充足的实验证明,所以在他的文章发表之后,有不少人对他的看法加以反驳,因此,这种细菌溶菌现象的本质,从20年代到30年代始终是一个争论的问题。到40年代中期,科学家已测出噬菌体的大小和含有以蛋白质为外壳和以DNA为核心的化学本质。这一切都成为噬菌体进入分子生物学的研究领域的基础。

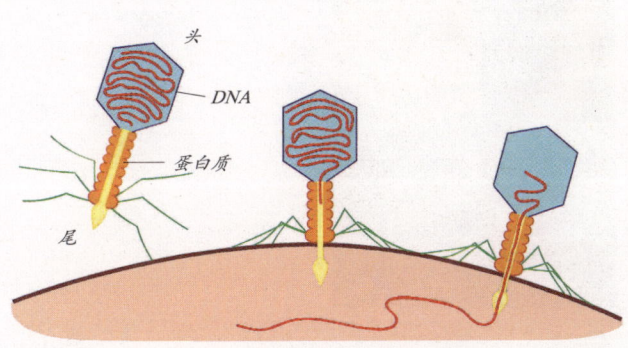

噬菌体侵染细菌的示意图

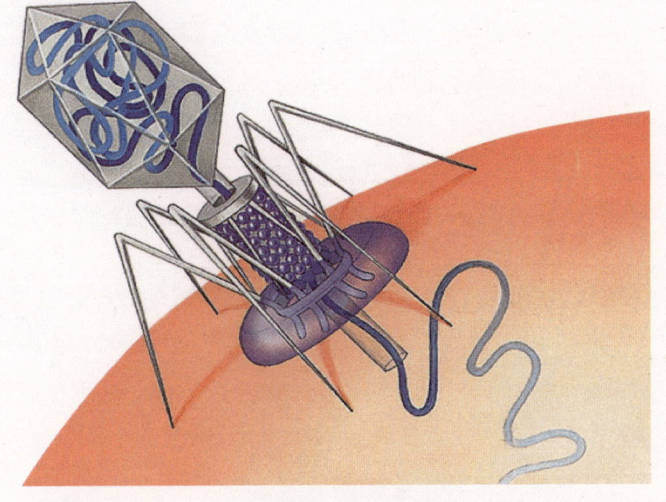

噬菌体 T_4

>> **更多介绍**

噬菌体是一种能够吃掉细菌的微生物,它比细菌小,大多数形似蝌蚪,由头尾两部分组成,需要寄生在活的敏感细菌体内才能够生长、繁殖。有人也称它们为细菌病毒。这种病毒与动物病毒、植物病毒不同,它们只对细菌的细胞发生作用,所以是一种很小的但非常有用的病毒,凡是有细菌存在的地方,都有它们的行踪,因此,我们也可以把它们看作是细菌的天敌。

139

胰岛素

糖尿病被称为现代疾病中的"第二杀手",它对人体的危害仅次于癌症,更为严重的是,它不能彻底治愈。但是由于班亭的卓越贡献,如今的糖尿病患者几乎可以和正常人一样生活了。

糖尿病会给病人造成生活上的诸多不便,其主要危害在于发生各种并发症,如肾功能不全(尿毒症)、视网膜剥离(失明)、冠心病、中风等心脑血管疾病。揭开糖尿病奥秘的研究工作开始于1889年。

1889年,德国医学家胡思·梅林和俄国医学家奥斯加·明科夫斯基,为了研究人体胰腺的消化功能,将一只狗的胰腺切除掉。结果那条被切去胰腺的狗竟然患了糖尿病。两人敏锐地意识到,胰腺一定分泌了某种激素,而糖尿病与胰腺之间必定也存在有某种关系。

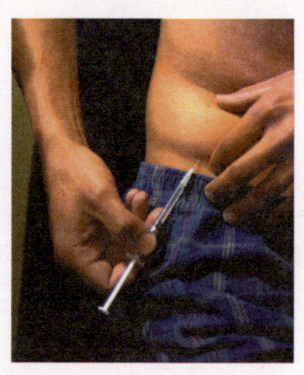

梅林和明科夫斯基将他们的发现写成论文,发表在一本医学杂志上,在当时的医学界引起了广泛关注,然而谁也没能分离出文中所说的那种神秘的激素。30多年后,加拿大安大略省一个小镇上的医生班亭看到这篇论文后,非常感兴趣。他决心亲自提取胰岛的分泌物。但是由于小镇医院条件限制,所以他准备去母校——多伦多大学开展工作,那里的实验室设备先进、试剂齐全。班亭找到了他的老师麦克里奥德教授。

麦克里奥德教授是一位不苟言笑的学者,他对解开这样一个世界医学界的难题毫无把握,因此他婉言拒绝了班亭的要求。班亭怀着满腔热情来,却被老师当头泼了一盆冷水,只好狼狈地打道回府。但他并没有灰心。

第二年假期,班亭又跑到多伦多大学。这一次,麦克里奥德教授碍于情面,勉强答应将实验室和一个学生研究助理贝斯特借他一个暑期。班亭分析了同行失败的原因后,同贝斯特一道设计实验方案。为停止胰腺外分泌部分泌酶类的工作,他们把胰腺里的胰管结扎,再提

中心人物

班亭(1891～1941)原是加拿大安大略省一个不知名的乡村外科医生,平常他就热衷于新发明。1921年,他成功地提取出了胰岛素,开启了治疗糖尿病的新纪元,解救了无数糖尿病患者的生命。为纪念班亭的功劳,1991年起,世界卫生组织和国际糖尿病联盟决定将他的生日11月14日命名为"世界糖尿病日"。

取胰岛的分泌物。时间一天天过去了，可实验并没有取得进展。班亭重新审查了实验设计方案和操作方法，发现了失败的原因：胰腺里的胰管结扎不紧，造成胰腺外分泌部仍在分泌酶，从而影响了提取工作。1921年7月27日，当他把提取液注射到患有糖尿病的狗身上时，奇怪地发现狗的血液中的含糖量迅速降低！他又用牛做了同样的试验，也取得相同的结果。这意味着胰岛分泌物确实提取到了。

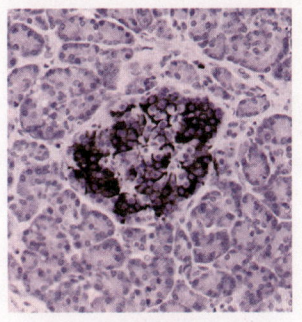

免疫过氧化物酶作用于胰岛素产生的斑点

等麦克里奥德教授度假回来后，班亭激动地将他们取得的实验成果告诉了他。麦克里奥德教授根本不相信。他认为世界难题的解开绝不会是那么容易的。然而，当班亭重新为麦克里奥德教授做了一次演示性质的实验后，教授信服了。他连声称赞班亭的实验做得巧、做得好，并表示要帮助班亭将实验进一步开展下去。1922年1月1日，他们首次将提取出的胰岛分泌物注射到人的身上，一个年仅14岁的糖尿病患者接受了试验。之前他已濒临死亡，但是注射之后，他的健康状态得到了很明显的改善。

这样，班亭成功地提取胰岛分泌物的实验得到医学界承认。班亭把这种分泌物称为胰岛素。1923年，班亭和麦克里奥德教授获得诺贝尔生理医学奖。

>> 更多介绍

早在二三百年前，医生们便注意到，有一种病的症状表现为三多一少，即：排尿量多、饮水量多、食饭量多、体重减少。此外，这种病人的尿液特别甜。因此，人们把它称为糖尿病。

17世纪时，医生所采用的诊断糖尿病最快的方法是品尝病人的尿液。如果尿液如蜂蜜一样甜甜的，这个病人肯定会消瘦下去并死亡。如今诊断糖尿病时，尿液仍然被用来化验以确定糖分是否过多。

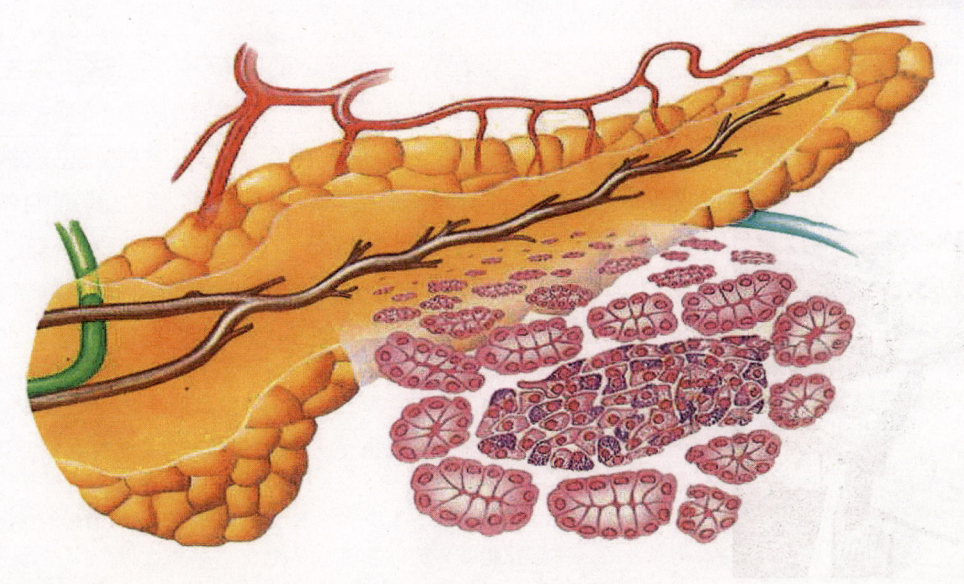

链霉素

在人类的历史上，肺结核这种传染性疾病曾一度流行。长期以来，这个被人们称为白色瘟疫的可怕疾病，犹如洪水猛兽般令人深深畏惧。自从链霉素发现以后，肺结核得到了有效的控制，人类谈核色变的情况就一去不复返了。

在人类文明的历史长河中，20世纪曾经创造了战胜许多疾病的奇迹，特别是在对付细菌性疾病方面，抗生素是生命真正的"卫士"。而链霉素的发现无疑具有划时代的意义。

链霉素的发现者是塞尔曼·亚伯拉罕·瓦克斯曼。1924年，他所在的研究所，接受了结核病协会提出的科研课题：寻找进入土壤的结核菌。瓦克斯曼带着一个学生，经过3年的追踪，确认结核菌进入土壤后，很快地消失了。这个很有吸引力的结论说明，土壤中存在着至少一种可杀死结核菌的微生物。瓦克斯曼立志一定要找到这种微生物。

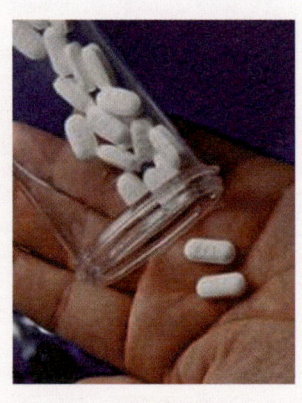

然而，土壤里各种微生物种类有数万之多，要找到一种微生物，无异于大海捞针。然而瓦克斯曼毫不畏惧。此后，他天天泡在实验室里，像查户口一样，对土壤中那些微生物"居民"挨家挨户地进行检查。1940年到1941年间，他所鉴定的细菌种数就超过了7 000种。1942年，鉴定的细菌种数达8 000种。期间，曾经发现一种链丝菌素，能够杀死结核菌等，但由于它毒性太大，因此也被淘汰了。

1943年，当瓦克斯曼鉴定的细菌种数已达1万种后不久，他发现一种灰色放线菌，对结核菌有很强的抑制作用，且没有毒性。于是，瓦克斯曼将这种灰色放线菌的提取物，应用于临床。结果取得了相当满意的效果。

1944年，瓦克斯曼把放线菌的分泌物称为链霉素，正式向外界报道了他的这一研究成果，他希望医学界的

中心人物

塞尔曼·亚伯拉罕·瓦克斯曼（1888～1973）是出生在俄国乌克兰的普里路卡的一名微生物学家。他一直生活在农村，所以从小就与土壤结下了不解之缘。后来，他随家人移居美国，1916年成为美国公民，并在拉特哥斯大学攻读农学专业。

专家对链霉素的临床应用做进一步的研究，以便获取最佳的使用方法。

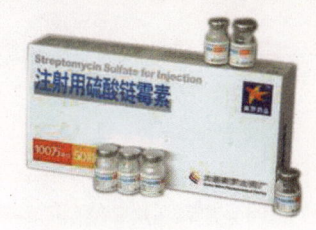

瓦克斯曼发明治疗结核病的特效药的消息传开后，世界各地表示敬意的贺电和贺信，像雪片似的飞到他的办公室，人们给予了瓦克斯曼极大的荣誉。

但瓦克斯曼并没有被成功冲昏了头脑。他仍保持严谨、朴实的学风，对于链霉素的研究进展和作用等，绝不做一点夸大的介绍。一次，瓦克斯曼在瑞典访问时，对一位医学教授提出的关于链霉素的疗效问题，做了以下回答："我对结核病实在一点也不懂，这个问题还是你们搞医学研究的有专门了解。至于链霉素是否能够治疗结核病，还需要继续进行实验总结，我只是从试管中知道链霉素能够杀死结核菌而已。至于对人类的结核病疗效问题，虽然初步取得良好成绩，但还应做进一步探讨。如果您有兴趣的话，我愿将链霉素奉送给您做临床试验，以进一步帮助我们总结。"

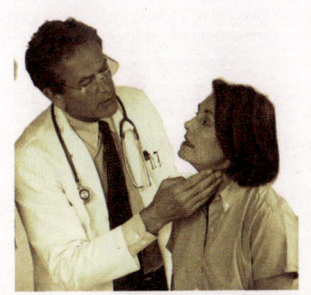

凭着谦逊谨慎的作风、坚忍的毅力以及医学界的大力支持，瓦克斯曼对链霉素又做了深入研究，发现链霉素使用中方法和用量一定要慎重，否则容易发生危险。此外，他还发现链霉素对治疗结核性脑膜炎也有特效。后来，以链霉素的发现为起点，科学家们从放线菌中陆续发现了新霉素、土霉素、红霉素、四环素等。

链霉素的问世，从此结束了结核病肆虐的历史。

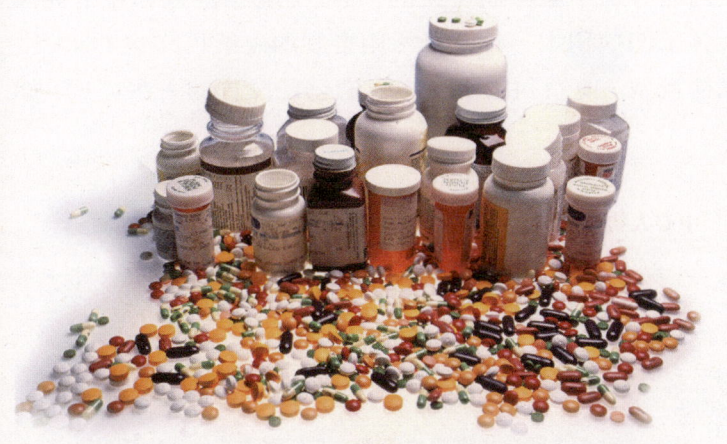

> **>> 更多介绍**
>
> 结核过去被称为消耗性疾病，这是因为病人在死亡之前都非常消瘦和衰弱。单独使用链霉素并不能治愈结核。每年仍有数百万人患结核病。但是疫苗接种以及链霉素与其他药物的联合应用已经使结核病的死亡率大大降低，至少人们不会谈核色变了。从这个意义上来说，这是医疗史上一个非常了不起的进步。

DNA 双螺旋结构

早在19世纪60年代，遗传学家孟德尔从生物的性状出发，发现了遗传的两个基本定律。到20世纪中叶，科学家们已经能够从分子水平上来探讨遗传的本质。现在，随着生物技术的发展，人们又在分子水平上实现了对遗传物质的重新组合，解决了许多与人类的生产和生活密切相关的问题。DNA双螺旋结构这一生命的密码语言的发现，揭开了人类探索生命奥秘的新纪元，标志着生物科学进入分子生物学时代。

1950年夏天，美国人沃森获得了博士学位。此时的生物学界正在进行一种叫双结构螺旋研究竞赛。结晶学研究的权威、英国的罗莎琳德·富兰克林已成功推出DNA分子有多股链，呈螺旋状。对DNA一无所知的沃森，在丹麦皇家学会听完劳伦斯·布拉格关于DNA的演讲后，决定研究DNA的三维模型结构。

次年秋天，沃森在导师的支持下，以美国公派博士后的身份来到英国剑桥大学卡文迪许实验室工作。在这里，他遇到了比自己年长十几岁的克里克，他们都被DNA结构之谜强烈地吸引着，于是，决定共同研究这一课题。

在建立DNA结构模型的过程中，沃森和克里克借鉴了美国化学家鲍林发现蛋白质结构的过程。他们注意到鲍林的主要方法是依靠X射线衍射的图谱来探讨蛋白质分子中原子间关系的。受此启发，沃森和克里克像孩子们摆积木一样，开始用自制的硬纸板构建DNA结构模型。他们利用了科学家们已经发现的一些证据，如

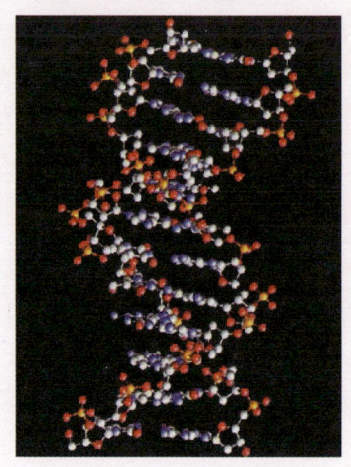

DNA双螺旋结构模型

DNA

中心人物

美国的生物学家詹姆斯·沃森和英国物理学家弗朗西斯·克里克（1916～2004）本来都不是资深的生物学专家，但他们在英国剑桥大学的卡文迪许实验室接触到DNA结构的两年时间里，却共同发现了DNA的双螺旋结构，成为现代遗传科学和基因理论的开拓者。两人因此分享了1962年的诺贝尔奖。他们默契配合做出重大发现的过程，作为科学家合作研究的典范，在科学界被传为佳话。

DNA分子是由含有4种碱基的脱氧核苷酸长链构成的；维尔金斯和富兰克林通过X射线衍射法推算出的DNA分子呈螺旋结构的结论等。在此基础上否定了DNA是单链和四链结构的可能，首先构建了一个DNA链结构模型，他们将模型中的磷酸——核糖骨架安置在螺旋内部。但是，以维尔金斯为首的一批科学家在对此结构进行验证时发现，沃森和克里克对实验数据的理解有误，因而否定了他们建立的第一个DNA分子模型。

在失败面前，沃森和克里克没有气馁，他们第二次构建了一个磷酸——核糖骨架在外部的双链螺旋模型。然而，与他们同室的化学家多诺休从化学角度指出了这个模型的错误，于是，第二次实践又宣告失败了。

1952年春天，奥地利的著名生物化学家查哥夫访问了剑桥大学，沃森和克里克从他那里得到的信息是：腺嘌呤（A）的量总是等于胸腺嘧啶（T）的量，鸟嘌呤（G）的量总是等于胞嘧啶（C）的量。虽然查哥夫在1950年就发表了这个结果，但是此时他们才强烈地意识到碱基之间这一数量关系的重要意义。于是，沃森和克里克又兴奋起来，他们经过紧张地工作，克服了一个个困难，终于在碱基互补配对原则的基础上，构建了DNA分子双螺旋结构模型。当他们把这个用金属材料制作的模型与拍摄的X衍射照片比较时，发现两者完全相符。沃森和克里克终于完成了一项具有划时代意义的伟大工作。

>>更多介绍

在发现DNA双螺旋结构过程中，不能不提到英国女科学家罗莎琳德·富兰克林。尽管她没有获得诺贝尔奖，但她在这个过程中却作出了杰出的贡献。罗莎琳德用X射线衍射DNA晶体得到了影像，从而分辨出了这种分子的维度、角度和形状。她发现DNA是螺旋结构，至少有两股，其化学信息面朝里，这已经非常接近真理。沃森DNA双螺旋结构的发现，受到的最关键启发就是基于罗莎琳德的成果。

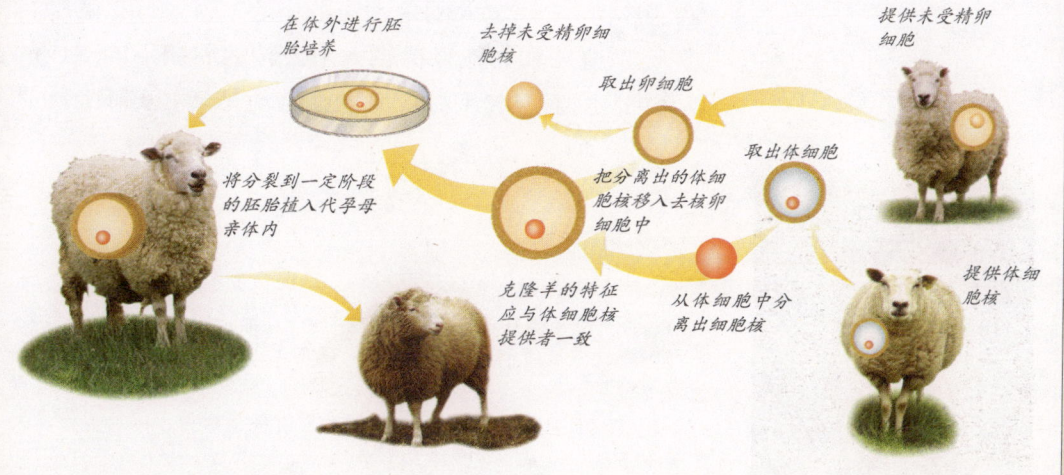

日心说

科学史上的伟大发现

哥白尼经过长期的天文观测和研究创立的日心说，否定了在西方统治达一千多年的地心说。日心说经历了一个漫长而曲折的过程才为人们所接受，这是天文学上一次伟大的革命，它不仅引起了人类宇宙观的重大革新，而且从根本上动摇了欧洲中世纪宗教神学的理论支柱。

在中世纪的欧洲，托勒密的地心说一直占有统治性的地位。因为地心说符合神权统治理论的需要，它与基督教会所渲染的"上帝创造了人，并把人置于宇宙中心"的说法不谋而合。在当时，如果有谁怀疑地心说，那就是亵渎神灵，大逆不道，要受到严厉制裁。这种状况

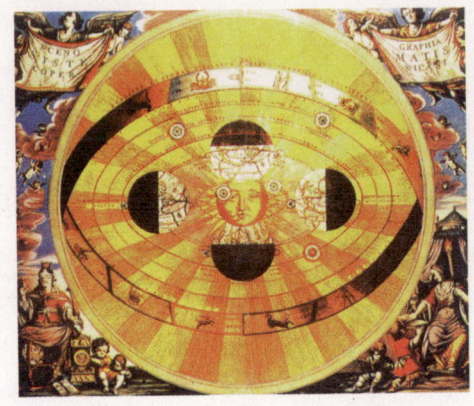

一直持续到哥白尼的时代。

哥白尼对天文学一直有着浓厚的兴趣，他广泛涉猎古代天文学书籍，很早就开始用仪器从事天文观测。在意大利帕多瓦大学留学时，该校的天文学教授诺法拉对地心说表示怀疑，认为宇宙结构可以通过更简单的图式表现出来。在他的思想熏陶下，哥白尼萌发了关于地球自转和地球及行星围绕太阳公转的见解。

太阳

回到波兰后，哥白尼继续进行长期天象观测和研究，更进一步认定太阳是宇宙的中心。因为行星的顺行逆行，是地球和其他行星绕太阳公转的周期不同造成的假象，表面上看起来好像太阳在绕地球转，实际上则是

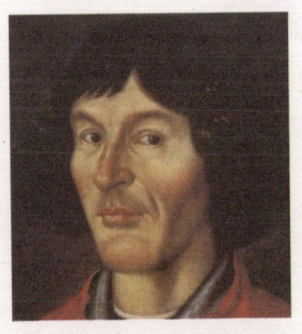

中心人物

尼古拉·哥白尼（1473～1543），波兰著名天文学家，日心说的创立者。原本是神父的他以惊人的天才和勇气揭开了宇宙的奥密，奠定了近代天文学的基础。

哥白尼以毕生的精力去进行天文研究，创立了《天体运行论》这一"自然科学的独立宣言"。他的这些成就使他成为了人类科学发展历史上最伟大的革命家之一。

地球和其他行星一起，在绕太阳旋转。

长期的观察和大量数据的积累，终于让哥白尼创立了以太阳为中心的日心说。为避免教会的迫害，起初，他只是将自己的主要观点写成一篇《浅说》，抄赠给一些朋友。但是在探索真理的强烈冲动下，哥白尼还是决心将自己的心血公之于众。

1543年，这部6卷本的科学巨著《天体运行论》几经周折，终于艰难地面世了。此刻，哥白尼的生命也走到了尽头。他在临终前一个小时才看到这本还散发着油墨清香的著作，他颤抖的手摩挲着书页，溘然长逝。

《天体运行论》完整地提出了日心说理论。这个理论体系认为，太阳是行星系统的中心，一切行星都绕太阳旋转。地球也是一颗行星，它一面像陀螺一样自转，一面又和其他行星一样围绕太阳转动。

日心说把地球从宇宙中心驱逐出去，显然违背了基督教义，为教会势力所不容。

为了捍卫这一学说，不少志士仁人与黑暗的神权统治势力进行了前仆后继的斗争，付出了血的代价。开普勒、牛顿等自然科学家，都为这场斗争作出过重要贡献。

>> **更多介绍**

由于时代的局限，哥白尼只是把宇宙的中心从地球移到了太阳，并没有放弃宇宙中心论和宇宙有限论，他还在日心说中保留了所谓"完美的"圆形轨道等论点。

虽然哥白尼的观点并不完全正确，但是他的理论的提出给人类的宇宙观带来了巨大的变革。其后，开普勒建立行星运动三定律，牛顿万有引力定律以及行星光行差、视差相继发现，日心说便建立在更加稳固的科学基础上。

行星运动三大规律

德国杰出的天文学家和数学家开普勒,通过对天体的长期观测和研究,提出了行星运动的三大规律,大大丰富和发展了哥白尼的日心说,从数学和物理学角度证明哥白尼学说的正确性,从而使它更加接近真理;同时,该规律还揭示了行星运转速度与轨道的相互关系,为半个多世纪后牛顿万有引力定律的发现打下了基础。

早期的开普勒深受柏拉图和毕达哥拉斯神秘主义宇宙结构论的影响,以数学的和谐性去探索宇宙。他用古希腊人已经发现的五个正多面体,跟当时已

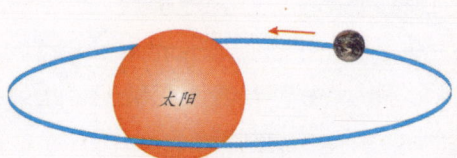

开普勒第一定律示意图

知的六颗行星的轨道相结合,从而解释了太阳系中包括地球在内恰好有六颗行星以及它们的轨道大小的原因。他把这些结论整理成书发表,定名为《宇宙的秘密》。这个设想虽然带有浓重的神秘主义色彩,但却也是一个大胆的探索。后来,开普勒在伽利略的影响下,通过对行星运动的深入研究,抛弃了柏拉图和毕达哥拉斯的学说,逐步走上真理和科学的轨道。

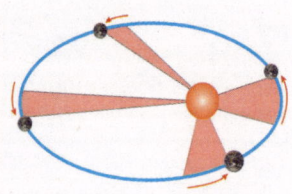

开普勒第二定律示意图

对火星轨道的研究是开普勒重新研究天体运动的起点。因为在第谷遗留下来的数据资料中,火星的资料是最丰富的,而哥白尼的理论在火星轨道上的偏差最大。

起初,开普勒的研究局限在第谷遗留下来的观测资料中,传统观念认为,行星作匀速圆周运动。但是经过反复推算发现,对火星来说,无论按哥白尼的方法,还是按托勒密或第谷的方法,都不能算出同第谷的观测相合的结果。虽然黄经误差最大只有8′,但是他坚信观测的结果。于是他想到,火星可能不是作匀速圆周运动的。他改用各种不同的几何曲线来表示火星的运动轨迹,终于发现了"行星沿椭圆轨道绕太阳运行,太阳处

中心人物

开普勒(1571～1630)是德国近代著名的天文学家、数学家、物理学家和哲学家。他以数学的和谐性探索宇宙,在天文学方面作出了巨大的贡献。开普勒是继哥白尼之后第一个站出来捍卫太阳中心学说、并在天文学方面有突破性成就的人物,被后世的科学史家称为"天空立法者"。

于焦点之一的位置"这一定律。这个发现把哥白尼学说向前推进了一大步。

接着他又发现,火星运行速度虽不均匀(最快时在近日点,最慢时在远日点),但从任何一点开始,在单位时间内,向径扫过的面积却是不变的。这样,就得出了关于行星运动的第二条定律:"行星的向径,在相等时间内扫过相等的面积。"开普勒还指出,这两条定律也适用于其他行星和月球的运动。

经过长期繁复的计算和无数次失败,1612年,开普勒终于发现了行星运动的第三条定律:"行星公转周期的平方等于轨道半长轴的立方。"这一结果发表在1619年出版的《宇宙和谐论》中。

开普勒的行星运动三定律首次定量地揭示了行星运动速度变化和轨道的关系,而运动速度变化又直接和作用力相联系。这个重大发现奠定了天体力学的基础,并导致了数十年后万有引力定律的发现。开普勒也因此得到了"天空立法者"的美誉。

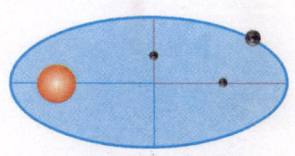

开普勒第三定律示意图

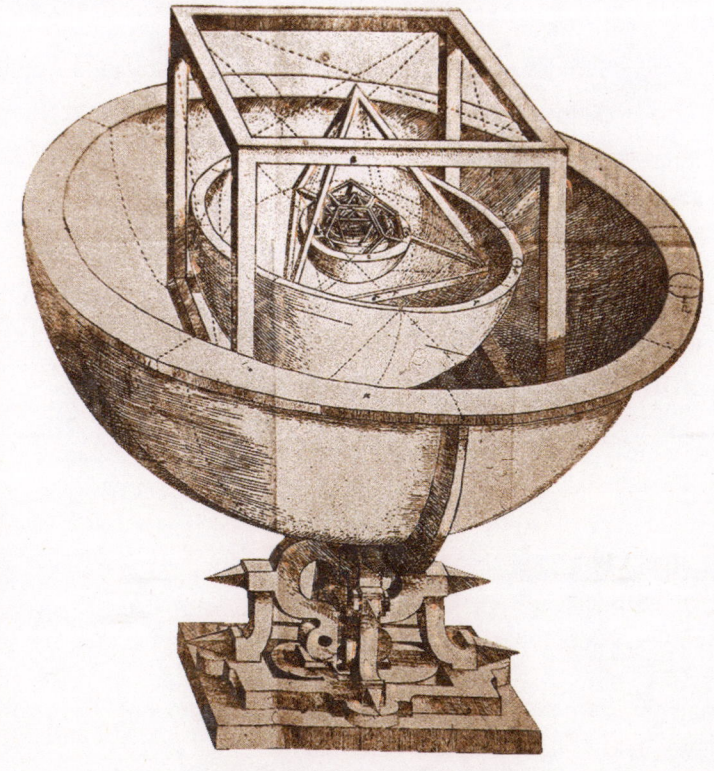

开普勒的模型解释哥白尼的日心说

>> 更多介绍

开普勒的行星运动三大定律解决了"行星怎样运动"的问题,但它只是对行星运动现象作出了概括性描述,还不能对这种现象作出动力学的解释。半个多世纪以后,伟大的物理学家牛顿经过逆向思维,提出了"行星为什么这样运动",通过推理论证、分析归纳,不仅找到了天体运动的原因,而且发展和总结出了辉煌科学史册的万有引力定律。开普勒定律正是牛顿万有引力理论的重要基础之一。

科学史上的伟大发现

星云假说

关于地球的起源，中国古代就有盘古开天辟地的神话；在国外，则流行着上帝耶和华创造太阳、地球的说教。直到18世纪，人们才开始科学地探索地球的起源。

康德—拉普拉斯星云假说比较圆满地解释了太阳系的基本特征。据目前已经观察到的事实，也与星云假说基本符合。

至哥白尼创立日心体系，他的后继者开普勒发现行星运动定律；继而牛顿以他的运动定律和万有引力定律，成功地解释了行星运动的物理原因。太阳系的结构完全搞清楚了，人们很自然地就会对太阳系的起源产生兴趣。

古代人由于受科学技术的限制，人们对宇宙充满了神秘与崇拜。

关于这个理论的探索，虽然已有200余年历史，但基本上还只是一些揣测的看法。没有人能目睹行星的形成，太阳系的起源至今仍停留在假说的阶段。人们根据太阳系的现状及特征，设想着它的形成过程。

天文学家通过对太阳系的整个图像的研究，发现了太阳系整个结构中某些统一的特征，诸如：共面性、同向性、近圆性等。根据这些特征，天文学上最合理的推测是，行星系统是由同一薄层物质所形成的。

宇宙的起源与演化示意图

中心人物

伊曼努耶尔·康德（1724～1804），德国古典哲学创始人。他的一生可以以1770年为标志分为前期和后期两个阶段，前期主要研究自然科学，后期则主要研究哲学。前期的主要成果有1755年发表的《自然通史和天体论》，其中提出了太阳系起源的星云假说。在后期从1781年开始的9年里，康德出版了一系列涉及领域广阔、有独创性的伟大著作，这些著作的出版标志着康德哲学体系的完成。

据此，1755年，德国哲学家康德出版了《宇宙发展史概论》一书，这本书中首次提出了太阳系起源的星云假说，康德用牛顿的万有引力原理解释了太阳系起源及初始运动问题。

康德星云假说的基本论点是：太阳系是由弥漫星云物质，大团的气体和尘埃演化而来，并且形成太阳系的动力是各部分星云之间相互吸引的力量。因此，那些组成星云的粒子在引力的作用下凝聚成粒子团；随着粒子的碰撞和排斥又使粒子团按一定方向旋转和运动起来，这样，在中心形成了太阳，周围粒子团则聚集为行星，在太阳的引力作用下按椭圆轨道围绕它旋转起来。康德的星云假说提出后并未立即引起人们的注意。

1796年，法国科学家拉普拉斯在他的《宇宙体系论》中独立地提出了与康德类似的另外一个星云假说，使得太阳系起源与演化的研究受到了更多的重视。拉普拉斯与康德的观点基本一致，只是拉普拉斯的假说在细节上作了很多动力学方面的解释，与康德的假说相比，论证更严密、更合理、更完善。因此，人们把他们俩人的假说合称为康德—拉普拉斯星云假说。

>> **更多介绍**

最近几十年，随着恒星演化理论的发展，星云说被赋予新的科学内容：首先，康德认为，形成太阳系的是银河星云的整体。现在看来，形成太阳系的仅仅是银河星云的一个很小的碎块。星云的质量远大于一般的恒星，约为太阳质量的100～1000倍，而它的球状碎块的质量，大体上与一颗普通恒星相当。其次，拉普拉斯认为，形成太阳系的星云物质是炽热的。现在看来，形成太阳系的星云物质是低温的，它的温度仅比绝对零度高出10～100℃。因此，从星云到太阳系的历史是由冷变热的历史，而不是由热变冷的历史。

太阳系的诞生

哈雷彗星

众多彗星中最著名的当数太阳系中最明亮、最活跃的彗星——哈雷彗星，它是人类最早发现的一颗周期彗星。哈雷彗星的发现，是天文学领域内的一项杰作，为天文学的研究打开了新的局面。如今，哈雷彗星的回归，已经成了人们密切关注的一种天文现象。

1683年，26岁的英国天文学家爱德蒙·哈雷发现了"哈雷彗星"，从此这位天文学家的英名随着每一次哈雷彗星的归来而大放异彩。其实，哈雷彗星本来也应带上牛顿的名字。因为没有牛顿，哈雷是永远也不会有这一重要发现的。

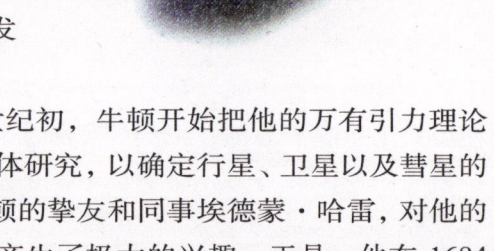

17世纪初，牛顿开始把他的万有引力理论应用于天体研究，以确定行星、卫星以及彗星的运动。牛顿的挚友和同事埃德蒙·哈雷，对他的计算结果产生了极大的兴趣，于是，他在1684年拜访了牛顿，并且与他展开了激烈的讨论。

后来，哈雷在整理彗星观测记录的过程中，发现1682年出现的一颗彗星的轨道根数，与1607年开普勒观测的和1531年阿皮延观测的彗星轨道根数相近，出现的时间间隔都是75年或76年。

哈雷运用牛顿万有引力定律反复推算，得出结论认为，这三次出现的彗星，并不是三颗不同的彗星，而是同一颗彗星的三次出现。哈雷以此

14世纪的意大利画家乔托所画的"三博士礼拜"的背景，在耶稣诞生的畜棚屋顶上，有一颗拖着红色尾巴的彗。该画绘于1305年左右，在之前的1302年，哈雷彗星曾出现过，乔托画的星可能源自对哈雷彗星的记忆。

中心人物

埃蒙德·哈雷（1656～1742），英国著名天文学家。20岁时，曾放弃了即将到手的学位证书，只身到达南大西洋的圣赫勒纳岛，建立起人类第一个南天观测站，进行了天文观测，在那里，他测编了世界上第一份精度很高的南天星表，被人们誉为"南天第谷"。哈雷还推动牛顿写出了经典力学的奠基之作《自然哲学的数学原理》，并慷慨解囊支付这部巨著的出版费用。以后，哈雷又选择了彗星这一前人涉及不多的领域，进行了深入的研究，开创了认识彗星和研究彗星的新领域。

为据，预言这颗彗星将于1759年再次出现。16年后，哈雷还未能证实他的预测便去世了，但是这颗彗星的确再次出现了。

在哈雷去世10多年后，1758年底，这颗第一个被预报回归的彗星被一位业余天文学家观测到了。1759年3月，全世界的天文台都在等待哈雷预言的这颗彗星。3月13日，这颗明亮的彗星拖着长长的尾巴，准时地回到了太阳附近。

根据哈雷的计算，预测这颗彗星将于1835年和1910年再次回来，结果，这颗彗星都如期而至。哈雷在18世纪初的预言，经过半个多世纪的时间终于得到了证实。为了纪念哈雷，人们就把他发现的这颗彗星以他的名字命名，这也就是今天人人所知的哈雷彗星。

以哈雷彗星为主题画面的瓷器

彗星多数是小彗星，直接用肉眼很难看到。不循椭圆形轨道运行的彗星，只能算是太阳系的过客，一旦离去就不见踪影。大多数彗星在天空中都是由西向东运行。但也有例外，哈雷彗星就从东向西运行的。彗星是靠反射太阳光而发光的。一般彗星的出现只有天文学家用天文仪器才可观测到。只有极少数彗星，被太阳照得很明亮拖着长长的尾巴，才被我们所看见。

哈雷彗星的最后一次回归是1986年，中国和各国一样对它进行了大量的观测，发现了断尾现象。而它的再次回归要等到2061年左右。

>> **更多介绍**

哈雷彗星是人类历史上第一颗被确认了运行周期的著名彗星，从1682年开始，每逢哈雷彗星以76年的周期在太阳系中遨游，并在地球附近出现时，都会有"彗星蛋"诞生。1758年在美国、1834年在希腊、1910年在法国、1986年在意大利都出现了带有彗星图案的鸡蛋。尽管至今"彗星蛋"之谜尚待解开，但是作为研究彗星的宝贝，它被认为与免疫系统的效应原则，甚至和生物进化有关。

哈雷彗星运行轨迹

科学史上的伟大发现

天王星

天王星是人类有记载历史以来所发现的第一颗行星。它的发现，突破了千百年来的传统观念，第一次扩大了太阳系疆界的范围，这无疑是人们在探索宇宙的道路上，迈出的十分了不起的一步。它对于进一步认识太阳系起着意义重大的解放思想的作用。在这之后，人们相继又发现了第八颗行星海王星、第九颗行星冥王星，乃至今天人们仍在努力寻找着第十颗行星。

天王星是太阳系中离太阳第七远的行星，从直径来看，是太阳系中第三大行星。天王星的体积比海王星大，质量却比其小。

天王星是由英国著名天文学家威廉·赫歇尔发现的，它是现代发现的第一颗行星。

早在 1690 年，便有人已观测到天王星的存在，但当时却把它忽略了。事实上，它曾经被观测到许多次，只不过当时被误认为是另一颗恒星。

1781 年 3 月 13 日深夜，赫歇尔和往常一样，将自制的望远镜架在楼顶的平台上，指向预定目标——双子星座。突然，视场内出现了一个略显暗绿色的光点。凝神一看，似乎又是一个极小的圆面。赫歇尔心中不禁怦然一动，敏锐的他马上意识到：这绝不是恒星！他换上了倍数更大的目镜观察，结果发现这个圆面又大了不少。

据此，他马上断定，所看到的天体一定是太阳系中的。对于恒星而言，不管多大的望远镜，也不可能把它放大成圆面（只能使星点更亮些）。第二天夜晚，他又把望远镜对准了这个目标，这个圆面的位置已经稍稍变动了些。连续数日的观测使他肯定了自己的判断。

为了慎重起见，4 月 26 日，他还是先把它当作彗星，写了一份名为《一颗彗星的报告》呈给英国皇家学院。赫歇尔在报告中指出，这颗闯入镜头的"新客"是一颗无尾彗星。他企图用抛物线以及用极长的椭圆去表示新星的轨道，始终没有成功。他后来发现这颗新星的

1986 年象牙海岸发行的纪念赫歇尔发现天王星的邮票

中心人物

英国著名天文学家威廉·赫歇尔（1738～1822）原来是以音乐为业的双簧管手，业余爱好制作望远镜和从事天文观测。

1781 年，天王星的偶然发现使赫歇尔闻名于世，他也因此被英王任命为皇家天文学家。此后，他致力于天文学研究，一生中作出过许多贡献。

轨道接近圆形，并算出它的半径等于 19 个天文单位。至此，真相大白。威廉·赫歇尔发现的是太阳系中的新行星。

赫歇尔公布了这一发现后，科学界几经迟疑，终于承认了这是一颗新发现的行星。在此以前，长期以来人们公认土星是太阳系的边缘，现在被确定为行星的天王星所代替。要打破这一边界可不是件容易的事情。赫歇尔的发现引起了非常大的轰动。

赫歇尔建议把他发现的这颗行星叫做乔治星，以纪念他的资助者——当时的英国国王乔治三世。这个提议遭到了其他天文学家的反对，他们建议用赫歇尔的名字命名。在激烈的争论之后，大家一致同意依照行星命名的惯例，用希腊神话中的人物之名来命名这颗新发现的行星。

为保持一致，由波德首先提出把它称为乌拉诺斯(Uranus)（天王星），因为在神话中天王是 Saturn（土星）的父亲。这样就使得 Jupiter（木星）、Saturn（土星）和 Uranus（天王星）子、父、祖父三代并列于太阳系中。但这样的提法直到 1850 年才开始广泛使用。一些科学家仍然把这颗星叫做赫歇尔，以纪念它的发现者。在相当长的时间内，天王星和赫歇尔两个名字并存。

>> **更多介绍**

在赫歇尔之前，至少有另外的 20 人次有过关于天王星的观测记录，只不过，当时这些人没有想到它会是颗行星，他们都遗憾同这个重大发现失之交臂。人们常说：天王星的发现是个偶然，相对众多的天文学家，无疑赫歇尔是幸运的，他获得了种种殊荣，而且流芳百世。但是这种偶然、这种幸运、这种不期而遇，正是同他本人向来重视改进科学工具，勤于系统观测的踏实作风，不怕艰难的惊人毅力以及善于透过现象洞察事物本质的理论思维等科学素养分不开的。

赫歇尔还长期致力于银河系结构的研究，通过观测，他用统计法首次确认了银河系为扁平状圆盘的假说。

科学史上的伟大发现

海王星

天文学家在用牛顿的引力理论分析天王星运动时，发现单用太阳和其他行星对它的引力作用，并不能圆满地做出解释。当时推测在天王星轨道外可能还有一个未发现的行星，这就是后来被称作"笔尖上的发现"的海王星。它的发现过程实际是牛顿万有引力定律的一次巨大胜利，万有引力定律能使天文学家根据已知行星所受到的引力摄动效应来预见未知的行星，并且还能够测出它们的位置！

天王星被发现之后，为确定其轨道，天文学家对其位置作了数年之久的观测，以确定其瞬时位置和运动速度。牛顿的运动定律和万有引力定律准确描述了行星的绕日运动，因此用它便可预报行星和彗星的位置，只要它们的轨道数据是已知的。然而天王星的运动却出乎意料。

天王星的反常运行引起了天文学界的注意。有人怀疑万有引力定律对于那些远离地球的天体也许并不可靠。另一些人则提出，在天王星之外可能还有一颗未知的行星。而验证后一种揣测唯一的办法，就是运用天体力学将造成天王星摄动的新行星算出来。

最先从事这一工作的是英国的青年天文学家亚当斯。在剑桥大学读书时，他就开始研究天王星的运行问题。亚当斯利用课余时间进行了大量计算，并在大学毕业那一年得出了一个计算结果。大学毕业后，他成为剑桥的研究生，这期间亚当斯继续改进他的计算结果，于1845年得出了新行星轨道的一个令人满意的计算结果。

论文写好后，亚当斯来到伦敦求见皇家天文学家艾里，希望他能帮助确认这颗新行星。艾里拒绝见这位年仅26岁的无名小辈，亚当斯只得将自己的论文写成了一篇摘要，请人转交给艾里。

亚当斯

勒维烈

中心人物

英国天文学家亚当斯（1819～1892）和法国天文学家勒维烈（1811～1877）同时分别用数学方法推算出当时尚未发现的海王星的位置。作为海王星的共同发现者，两人于1848年在伦敦会面后成了好朋友，经常切磋、探讨各种天文问题。

之后，亚当斯又求助于剑桥大学天文台。当时的天文台台长沙利愿意试一试，但他拖拖拉拉，直到1846年7月才开始进行观测，而且由于他手头没有该天区完备的星图，虽然两次看到了这颗新行星也未能认出来。

就在亚当斯计算新行星轨道的同时，法国天文学家勒维烈也在进行同样的工作。

1846年8月31日，他完成了对新行星轨道和大小的计算，写出了"论使天王星运行失常的行星，它的质量、轨道和现在位置的决定"，其结论与亚当斯基本相同。

勒维烈将论文提交给了科学院，由于巴黎没有那一天区的详细星图，他又于当年9月18日将论文寄给了柏林天文台的天文学家加勒。9月23日，加勒收到了勒维烈的论文和信，当天晚上就将望远镜对准了勒维烈所说的天区，他仔细地记下了他所观察到的每一颗星，然后将新记录的诸星与不久前刚得到的一张详细的星图进行比较，发现在勒维烈所说的位置以外52角秒的地方有一颗星是星图上所没有的。为了可靠起见，第二天晚上他又仔细地进行了观察，发现这颗星果然移动了70角秒，正与勒维烈所预言的每天移动69角秒相符合。就这样，又一颗行星被发现了！

柏林天文台发现新行星的消息传到英国，引起了皇家天文台台长艾里的震惊，他马上从资料堆里找出了勒维烈的论文摘要，才知道亚当斯早就给出了同样准确的预言。于是，他马上发表了这份一年前交给他的论文摘要，使科学界得以知道事情的真相。

天王星（上）与海王星（下）体积比较

>> 更多介绍

海王星的发现比天王星的发现更富有戏剧性、更加激动人心，它不是观测天文学家偶然发现的，而是数学家"笔尖上的发现"，因而引起了更大的轰动。命名问题被提了出来，因为英法两国正为发现权争吵。发现者之一的勒维烈则主张沿袭神话神名命名行星的做法，用海洋之神耐普顿（Neptune）命名。这一不带民族主义特色的主张马上得到了广泛的认同，名字就这样定下来了，中文译为海王星。

Great discovery in Science history

科学史上的 伟大发现

太阳黑子周期

太阳黑子是在太阳的光球层上发生的一种太阳活动,是太阳活动中最基本、最明显的活动现象。尽管至今人们对太阳黑子的成因还没有一个确切的答案,但是对于它活动周期的发现和了解却是一个半世纪以前的事情了。

太阳黑子

太阳黑子是人们最早发现也是人们最熟悉的一种太阳表面活动。明亮的太阳光球表面经常出现一些小黑点,这就是太阳黑子。

太阳黑子的数量并不是固定的,它会随着时间的变化而上下波动,每11年会达到一个最高点,这11年的时间就被称之为一个太阳黑子周期。

太阳黑子周期的发现者不是天文学家,而是德国一位名叫亨利·施瓦布的天文爱好者。施瓦布的职业是药剂师,但他却是一个狂热而勤奋的天文迷。

19世纪初期,英国天文学家赫歇尔刚刚发现天王星,许多天文学家就开始怀疑,在水星轨道之内、离太阳很近的地方还有一颗尚未发现的大行星,它的存在使水星的运动呈现出异常状况,他们将之称为火神星。

许多天文学家和天文爱好者都想成为这颗火神星的发现者,施瓦布也是其中极热心的一个。他从1826年开始对太阳进行观测,想利用火神星凌日的机会发现它。只要天气晴朗,他的观测从不间断。

为了把太阳黑子与火神星区别开,施瓦布每天都把日面上的黑子画下来。他整整坚持画了17年,但直到1843年,他也没有找到火神星的踪影。施瓦布把积累了几柜子的黑子图全部翻出来进行比较,想从中寻觅到"火神星"

科学工作者利用仪器观测太阳黑子

158

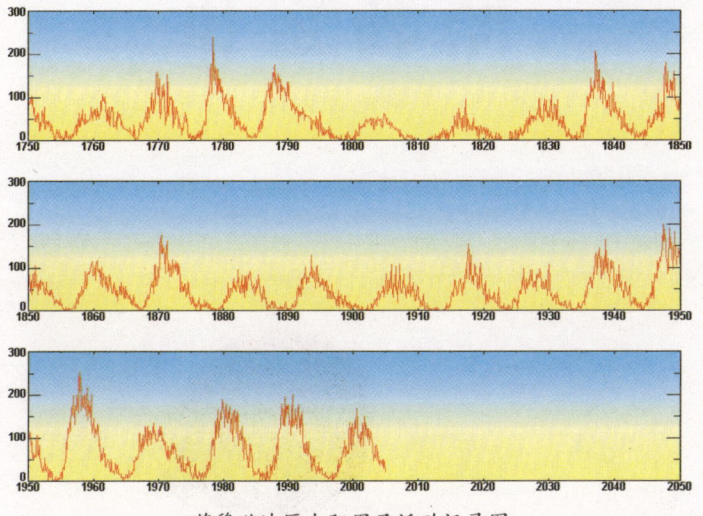

苏黎世地区太阳黑子活动记录图

>> 更多介绍

一般认为,太阳黑子实际上是太阳表面一种炽热气体的巨大漩涡,温度大约为4 500℃。因为比太阳的光球层表面温度要低,所以看上去像一些深暗色的斑点。太阳黑子很少单独活动,常常成群出现。天文学家对黑子活动从1755年开始标号统计,规定太阳黑子的平均活动周期为11.2年。黑子最少的年份为一个周期的开始年,称作"太阳活动极小年",黑子最多的年份则称作"太阳黑子活动极大年"。

的蛛丝马迹。然而,火神星没有找到,他却意外地发现了太阳黑子的11年周期变化。

施瓦布马上将自己的发现写成论文,寄到天文期刊编辑部,但是因为他是一位药剂师,编辑们根本没有理睬他。施瓦布没有气馁,继续坚持每天观测。

时间又过去了16年,1859年,施瓦布已经是一位双鬓斑白的老人。火神星依然没有踪影,而太阳黑子变化的规律却更加明显了。施瓦布把自己的观测成果告诉了一位天文学家,这位天文学家帮助施瓦布把这一重大发现公之于世。

施瓦布的发现受到天文学家的极大重视,并很快得到了证实。目前,太阳活动的11年周期变化已成为大家公认的太阳活动基本规律。

地球上的气候状况、植物生长、水文现象以及地震活动乃至全球性的流感发生等,都具有11年的周期变化。最新研究表明,人类的发明创造也与太阳黑子的周期活动有关。太阳黑子对我们人类的日常生活有着很大的负面影响,比如:太阳风暴、强辐射流和极光等,对现有的GPS全球定位系统、互联网通讯设施和其他基础设施构成冲击。

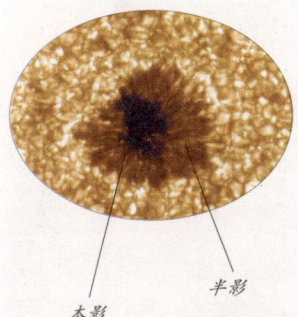

本影 半影

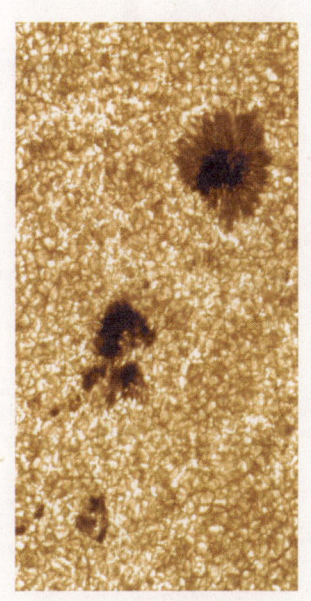

太阳黑子

科学史上的伟大发现

哈勃定律

20世纪的天文学由于观测手段更加先进,把人类的视野扩展到了140亿光年的空间距离,天文学进入了全波时代。这中间,美国天文学家埃得温·哈勃的名字和他的哈勃定律不能够不被记住。

哈勃定律的发现是天文学史上的重要里程碑,它彻底打破了静止宇宙的观点,为宇宙膨胀提供了观测证据,在此基础上形成了一门新科学——观测宇宙学。

早在1912年,美国天文学家斯里弗就得到了"星云"的光谱,结果表明许多光谱都具有多普勒红移,这些"星云"在朝远离我们的方向运动。

随后人们通过哈勃的论证知道,这些"星云"实际上是类似银河系一样的星系。哈勃在发现河外星系的以后十年,一直致力于这方面的研究。

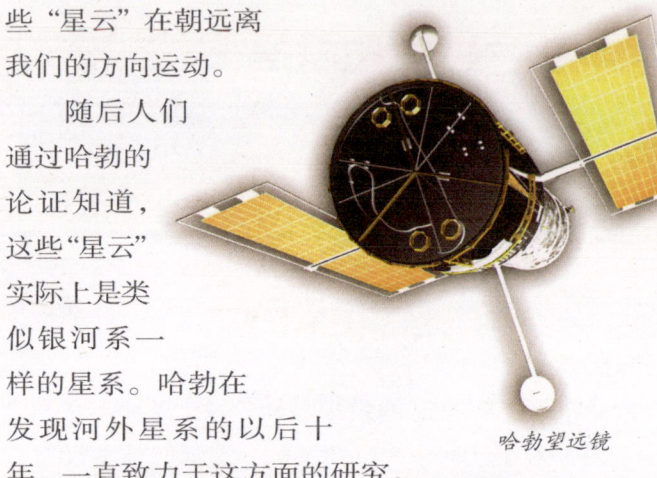
哈勃望远镜

哈勃做实验时,最初是研究各星系间的距离和它们的红移。根据这些数据,他能够测量各星系的速度并能够从中发现距离和速度间的关系。

1929年,哈勃对河外星系的视向速度与距离的关系进行了研究。当时只有46个河外星系的视向速度可以利用,而其中仅有24个有推算出的距离,哈勃得出了视向速度与距离之间大致的线性正比关系。

现代精确观测已证实这种线性正比关系:$v = H_0 \times d$,(其中 v 为退行速度,d 为星系距离,H_0 为比例常数,称为哈勃常数),这就是著名的哈勃定律。

哈勃定律有着广泛的应用,它是测量遥远星系距离

哈勃在帕洛马山上用望远镜进行天文观测

中心人物

埃得温·哈勃(1889~1953)在天文学上的贡献很多,他是研究现代宇宙理论最著名的人物之一,发现了银河系外星系存在及宇宙不断膨胀,成为银河外天文学的奠基人和提供宇宙膨胀实例证据的第一人。天文学上的很多重大发现及成就都是以他的名字命名的,诸如哈勃分类(河外星系的形态分类法)、哈勃定律、哈勃望远镜等。

的唯一有效方法。只要测出星系谱线的红移，再换算出退行速度，便可由哈勃定律算出该星系的距离。哈勃定律中的速度和距离不是直接可以观测的量。直接观测量是红移和视星等。因此，真正来自观测、没有掺进任何假设的是红移、视星等关系。在此基础上再加上一些假设，才可得到距离和速度关系。

哈勃定律揭示出宇宙是在不断膨胀的。这种膨胀是一种全空间的均匀膨胀。因此，在任何一点的观测者都会看到完全一样的膨胀，从任何一个星系来看，一切星系都以它为中心向四面散开，越远的星系间彼此散开的速度越大。

1929年，哈勃进一步发现宇宙膨胀的速率为一常数，该常数以后就被冠以了哈勃的名字，以表彰他在这一领域的重要贡献。

哈勃定律原来是对正常星系而言的，对于类星体或其他特殊星系并不完全适用。哈勃定律通常被用作推算距离的工具。例如，当发现最大红移为0.75的星系时，就认为已观测到宇宙中距我们达90亿光年的深处；目前所说的类星体的距离也是由哈勃定律算出的。这种判断的准确性尚待证明。

哈勃定律示意图

>> 更多介绍

为了纪念哈勃在天文学上作出的重大贡献，美国将目前世界上最复杂的太空望远镜命名为哈勃太空望远镜，并于1990年4月24日由"发现"号航天飞机把它送入了高空轨道。哈勃太空望远镜长13.1米、重11 600千克，造价15亿美元，装有直径2.4米的主体镜和直径0.3米的次级镜。它使人类的观测距离达到140亿光年，也就是可以观测到宇宙中140亿年前发出的光。它的升空，是自1609年伽利略用自制望远镜首次观察天体以来，观测天文学上又一个新的里程碑。

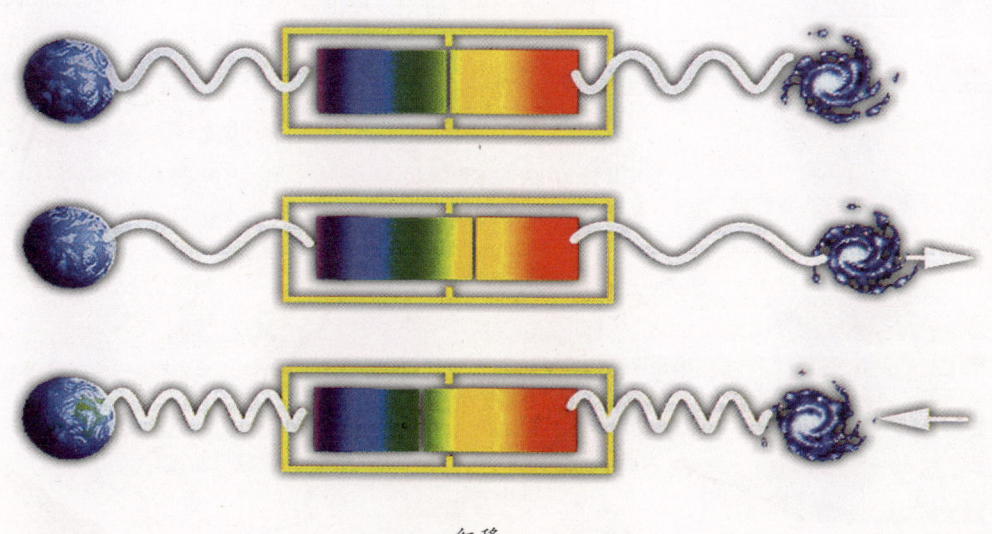

红移

冥王星

冥王星是最晚发现的一颗行星，和天王星、海王星的发现相比，冥王星的发现可以算得上是好事多磨。冥王星的亮度很弱，即使在大望远镜拍摄的照片上，它和普通的恒星也没有什么差别，要想在几十万颗星星中找到它，真好比是大海捞针。

海王星被发现以后不久，从 1850 年开始，一些天文学家就分析，在海王星以外可能还有一颗未知的新行星。美国天文学家洛韦尔在仔细研究了天王星和海王星轨道异动的误差后，认定还存在一颗更远的行星。为寻找这颗行星，洛韦尔付出了十几年的心血。1905 年，他完成了对未知新行星运行轨道的观测推算，并且着手用照相方法进行搜寻。由于这颗未知行星距离地球太遥远，搜寻起来极为困难，所以直到 1916 年 11 月洛韦尔去世时，都还没有什么结果。洛韦尔所创建的天文台继承了他的遗愿，继续不懈地搜寻着这未知的行星。

1925 年，洛韦尔的兄弟捐献了一架口径 32.5 厘米的大视场照相望远镜，性能非常好，为继续搜寻新行星提供了优越的条件。1929 年，洛韦尔天文台台长邀请美国天文工作者汤博加入搜索未知行星的行列。

在数以百万计的星点中，要找到这颗未必存在的行星，其难度可想而知。汤博深知，行星看起来只是个恒星状的光点，似乎和恒星没什么区别，但如果从动态观察看，行星会绕着自己的恒星转，因而它的位置也在不断变化。

为发现星点位置的变化，汤博想了一个办法：把它们的分布状态随时拍摄下来，再从比较中发现变化。确定了观察方法后，汤博根据洛韦尔的计算，首先把冥王

1930 年的汤博

中心人物

克莱德·汤博（1906～1997），美国天文学家。1929 年，进入美国著名的洛韦尔天文台作助理，参与探测一颗使天王星与海王星在轨道中运行不规则的行星。经过大量艰苦的工作，汤博于 1930 年发现了冥王星的存在。此外，汤博的研究范围还包括河外星系以及火星和月球。

星所在的天空区域划分成一小块一小块，对一个个天区逐一进行搜索，并且在搜索过程中拍摄大量底片。每隔两三天时间，汤博就要重新拍摄相同的天空区域，进行认真的比较。拍摄工作并不困难，但却极其费事——每张照片上平均有16万颗恒星，要在这么多星点中找到位置发生变化了的行星，无异于大海捞针，而且，有些小行星的位置也在发生变化，但它们并不是洛韦尔预言的那颗在"海王星之外的大行星"。可想而知，这项工作有多艰苦和乏味。

汤博特地设计了一种特殊的观测装置，可以同时比较两张底片，并能够较快地寻找到发生闪烁的光点。这项艰苦的工作持续了近一年之久。1930年2月28日，汤博正在检查一组双子星座的底片，细心的他发现其中有一颗星在一段时间内在其他星星之间跑了一段。"难道这就是洛韦尔预言但却没能找到的那颗行星？"面对日思夜盼的发现，汤博几乎不敢相信自己的眼睛。为了进一步确证清楚，他继续拍摄这个星点的照片。几个星期过去了，汤博终于确证：这个星点正是期盼已久的新行星。正如洛韦尔所说的那样，它是运行在海王星之外的一颗行星。

这颗行星也就是以后被确认为太阳系中第九颗行星的——冥王星。这是汤博在大约两万多个"嫌疑分子"中千辛万苦找到的"海外行星"。1930年3月13日，汤博对外宣布：他发现了"海外行星"！这也就是后来的冥王星。

冥王星

哈勃望远镜拍摄的冥王星和它的卫星

>> 更多介绍

冥王星被发现之后，很多科学家开始考虑：太阳系中是否存在"冥外行星"的问题。天文学家们为此做了大量浩繁而艰苦的工作。这当中冥王星的发现者汤博，他在发现冥王星后的14年里，一直在用发现冥王星的方法去寻找冥外行星。汤博花费了7 000小时，检查了9 000万颗星象，获得了许多意外收获，但就是没有找到冥外行星。太阳系究竟有没有未发现的第十颗大行星呢？至今说法不一，仍然是一个没有肯定答案的谜，人类期待着由日后的长期观测作答。

科学史上的伟大发现

宇宙背景辐射

明朗的夜空，繁星闪烁，不禁使人陷入对宇宙的遐想之中。它从何处来，到何处去？对人类来说，这一直是个悬而未决的谜。20世纪60年代宇宙微波背景辐射的发现，为宇宙起源的大爆炸理论提供了进一步的实验证实，它或许将提供令人信服的答案。

20世纪60年代，为改进与卫星的通讯，美国东海岸接收站建造了一个直径6米的喇叭形反射天线接收系统。这个天线接收系统，在当时是独一无二的，它有很高的机械稳定程度，而且几乎完全不受来自地球的热辐射干扰。从无线电接收到的信号通过红宝石行波微波激射器放大，它具有很高的灵敏度，原则上可对微波辐射通量进行绝对的而不是相对的测量。正是这些先进的技术装置为发现宇宙背景辐射准备了必要的物质条件。

宇宙大爆炸示意图

从1964年开始，美国贝尔电话公司年轻的工程师彭齐阿斯和威尔逊两人利用这个系统测量银河系的背景射电噪声。他们跳出了早期工作的框框，不是对这些噪声视而不见，而是仔细深入地研究这些噪声。他们装上一个低温参考噪声源，以便和来自天空中的噪声相比较。结果发现，所测得的噪声总是比根据接收系统中大气层内以及天空中任何已知噪声源算得的噪声总和要大。换句话说，他们接收到了波长为7.15厘米的来历不明的噪声。这种奇怪的无线电干扰噪声，在各个方向上信号的强度都一样，而且历时数月而无变化。

整个宇宙在一个时间原点发生大爆炸中诞生，一旦产生了时间，空间就开始膨胀。同样，一旦产生了空间，时间就开始走动。

中心人物

阿诺·彭齐阿斯1933年出生于德国的慕尼黑，6岁时随家人迁居美国。长大后，他来到著名的贝尔电话实验室当临时工。在这里，他认识了小自己3岁的研究员罗伯特·威尔逊，他们很快就成为好朋友。1965年，两人因发现了宇宙微波背景辐射而一同分享了1978年的诺贝尔物理学奖。

60年代中期，阿尔诺·彭齐亚斯和罗伯特·威尔逊（上图）发现了"宇宙微波背景辐射"（左图）。

科学史上的伟大发现
Great discovery in Science history

起初,他们认为这可能是某种其他故障,但经过几个月反复细心的观测以及改进系统,排除其他各种干扰后,他们断定,这绝不是接收系统的故障或其他原因造成的,而只能是一种他们当时还不了解其来源的辐射。他们还发现,这种辐射是各向同性,相应的黑体辐射温度是 3.5K。以后人们又在其他波长处,通过直接和间接的测量,得出这辐射的温度约为 3K。

彭齐阿斯和威尔逊将他们的发现写成论文发表,在科学界引起了巨大的轰动,尤其是那些从事大爆炸宇宙论研究

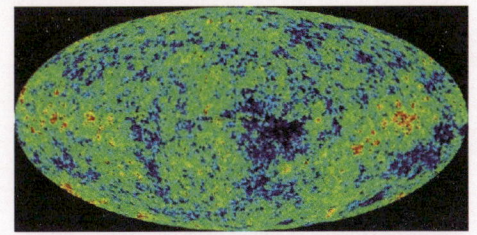

宇宙远古余辉的全天图,红色代表较高温的区域,蓝色代表较低温的区域。

的科学家们,更是获得了极大的鼓舞。因为他们两人的观测竟与理论预言的温度如此接近,毋庸置疑,这正是对宇宙大爆炸论的一个非常有力的支持!

宇宙微波背景辐射的发现,为观测宇宙开辟了一个新领域,也为各种宇宙模型提供了一个新的观测约束,被列为"20世纪60年代天文学四大发现"之一。彭齐阿斯和威尔逊也因此于1978年获得了诺贝尔物理学奖。

>> **更多介绍**

微波背景辐射最重要的特点是具有黑体谱。测量各个波段的微波背景辐射,可以得到它的谱线。由于地球大气的干扰,对于小于 0.3 厘米的辐射,需要利用火箭、卫星等手段才能观测到。大量的观测资料表明,微波背景辐射具有温度为 2.7K 的黑体辐射谱,由此,它也习称为 3K 背景辐射。

微波背景辐射的另一个重要特点是它具有极高度的各向同性性质。无论是小尺度上,还是大尺度上,微波背景辐射几乎是完全各向同性的。微波背景辐射的发现对现代宇宙学有着深远影响,其意义可与河外星系红移的发现相比拟。

宇宙大爆炸

脉冲星

脉冲星的发现被誉为是"20世纪60年代天文学上的四大发现"之一。

它的发现不仅为中子星和超新星的理论提供了观测上的证据,也为恒星演化理论增加了重要的内容;而且对物理学日后的发展产生了巨大的影响,对于进一步了解宇宙的物理本质有很高的价值。

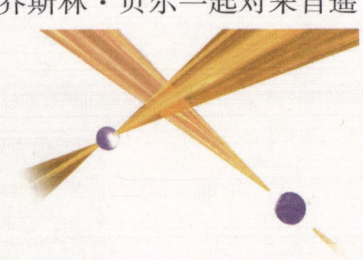

1967年,休伊什带领乔斯林·贝尔一起对来自遥远天体的射电信号在传播过程中受气体与尘埃等星际介质的影响进行观测和研究,他们试图利用星际介质来研究这类天体的真实大小。

为此,研究小组专门新建造了一台特殊的射电望远镜,它能够识别快速变化的脉冲信号。7月,这台仪器正式投入使用,用望远镜观测并担任繁重记录处理的正是贝尔。贝尔的工作之一是仔细检查射电望远镜接受器30米长的记录纸带,并在上面把来自太空的无线电讯号以弯弯曲曲的曲线表示出来。

望远镜对整个天空扫视一遍需4天时间,因此,每隔4天贝尔就要详细分析一遍记录纸带。由于望远镜的整个装置不能移动,所以只能依靠各天区的周日运动进入望远镜的视场进行逐条扫描。贝尔必须用双眼,仔细地审视记录纸带。她既要从纸带上分离出各种人为的无线电信号,又要把真正射电体发出的射电信号标示出来。这是一项枯燥、艰苦的工作,需要观测者极度的细心与耐心。

其实,早在1967年8月,贝尔就在部分纸带上发现过一些稀奇的信号。当贝尔看到与本星期初从天空相同部分的狐狸星座中记录下来的相似信号再次出现时,

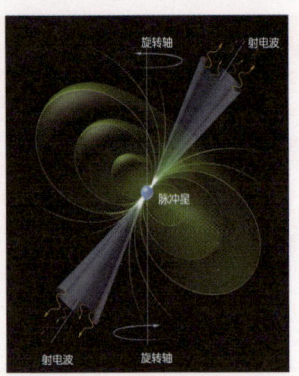

脉冲星模拟图

中心人物

脉冲星的直接发现者苏珊·乔斯林·贝尔,1941年生于北爱尔兰的贝尔法斯特,她从小爱好天文。1965年,她前往剑桥大学射电天文台学习,成为英国天文学家安东尼·休伊什的博士研究生。1967年,贝尔借助休伊什制造的射电望远镜,发现了脉冲星,引起了世界的极大轰动。尽管最终年轻的她与诺贝尔奖项无缘,但是贝尔在脉冲星的发现、鉴别和继续研究方面所作出的杰出贡献,将永载史册。

感到很惊奇。遗憾的是，两次记录下来的信号都只有一厘米纸带长度，并且贝尔把这个"颈背皱纹片断"归因于局部的地上无线电干扰。于是，她把这个记录放在一边。所幸运的是，到了11月，新的研究需要用到高速记录器，引起注意的这种信号再次出现了。

脉冲星

11月28日，贝尔终于获得了清晰的连续脉冲图。她惊奇地发现自己所记录到的曲线咋看好像也毫无规律，但仔细观测，就会发现这中间掩藏着一组极有规律的脉冲信号——脉冲周期只有1.337秒，短而且非常稳定；脉冲随天体东升西落的视运动而移动，脉冲来自狐狸座方向。

贝尔兴奋地把这一发现告诉了她的导师休伊什，休伊什对此大感兴趣。第二天同一时间，在同一天区通过视场的时候，奇怪的脉冲信号又出现了。经过缜密的思考和分析，休伊什提出这种天体可能是一种脉动着的恒星，在不断地膨胀、收缩或变形，每一次脉动都对应着一次能量爆发。1968年2月，休伊什等人在英国《自然》杂志上发表了题为《对一个快速脉动射电源的观测》的报道，文中称他们的剑桥研究组收到了来自宇宙空间的无线电信号。后来，经过系统观测，这类天体被休伊什和贝尔正式命名为脉冲星。脉冲星的发现为天文学的研究写下了新的篇章。

蟹状星云脉冲星模拟图

射电望远镜

Great discovery in Science history

黑洞

1990 年8月17日，美国的"哈勃"太空望远镜，向地球发回了一张位置处于北半球的 NGC7457 星系的照片。美国国家航空航天局的科学家认为，这可能又是一张有关神秘天体的照片，这个神秘天体就是黑洞。黑洞无疑是本世纪最具有挑战性、也最让人激动的天文学说之一。许多科学家正在为揭开它的神秘面纱而辛勤工作着，新的理论也不断地提出。

由黑洞这两个字，我们就会联想到这个神秘天体的特点：不会发光，是黑洞洞的。其实，黑洞是一种具有封闭视界的天体。外来的物质和辐射能进入视界以内，但视界内的任何物质都不能跑到外面。这个视界就是黑洞的边界。它具有强大的引力场，以致任何东西，甚至连光都不能从中逃逸，成为宇宙中一个吞食物质和能量的"陷阱"。

最初指出黑洞存在，并假设为一个质量很大的神秘天体，是在 1798 年，当时法国的拉普拉斯利用牛顿万有引力和光的微粒说提出这一见解。他说："一个密度如地球而直径为 250 个太阳的发光恒星，由于其引力的作用，将不允许任何光线离开它。由于这个原因，宇宙间最大的发光天体，对于我们却是不可见的。"他称这种天体为"黑暗的一团"，并猜测宇宙太空中可能有很多这样的暗天体。这样的暗天体就类似于我们今天所说的黑洞。

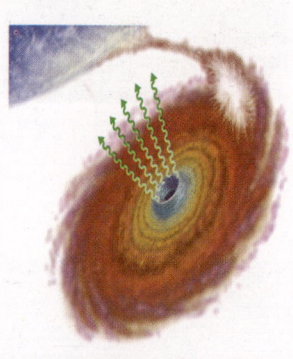

1916 年，爱因斯坦发表广义相对论，不久，德国物理学家史瓦西得到了广义相对论方程的一个精确解。他预言存在 5 种不旋转、不带电的黑洞。当时就已算出，若要成为黑洞，一个质量如太阳的星体，其半径必须缩到 2.96 千米，而地球则需压缩到半径为 0.89 厘米。

然而，史瓦西提出的黑洞概念在当时并没有受到人们的普遍重视。直到 20 世纪 70 年代，世界著名的物理学家霍金才把量子力学与广义相对论结合起来，进行黑

中心人物

史蒂芬·霍金，1942 年 1 月 8 日出生于英国的牛津，非常凑巧的是，他的诞生日正是现代科学的奠基人伽利略逝世 300 年的同一天。1963 年，霍金到剑桥大学读研究生的时候，就被诊断为卢伽雷病，不久，他就完全瘫痪了。正是在这样一种常人难以置信的艰难中，霍金完成了种种科学研究。尤其他在黑洞问题上的惊人创见，更使他在科学界声名卓著。他因身残志坚的高尚品格，被人们赞誉为"科学界的保尔"。

洞表面量子效应的研究,最终才使得黑洞理论的研究向前推进了一大步。

黑洞的大小若用质量相比较的话,那么具有太阳质量的黑洞,其半径只有3千米。黑洞把一切物质吸入,连光都不可能逸出。

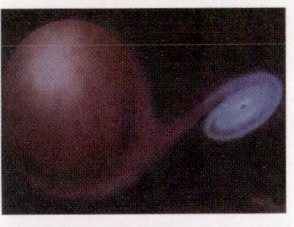

与别的天体相比,黑洞是显得太特殊了。例如,黑洞有"隐身术",人们无法直接观察到它,连科学家都只能对它内部结构提出各种猜想。黑洞是靠弯曲的空间把自己隐藏起来的。根据广义相对论,空间会在引力场作用下弯曲。光本来是走直线的,而强大的引力把它拉得偏离了原来的方向。在地球上,由于引力场作用很小,这种弯曲是微乎其微的。而在黑洞周围,空间的这种变形非常大。这样,即使是被黑洞挡着的恒星发出的光,虽然有一部分会落入黑洞中消失,可另一部分光线会通过弯曲的空间中绕过黑洞而到达地球。所以,人类可以毫不费力地观察到黑洞背面的星空,就像黑洞不存在一样,这就是黑洞的隐身术。

总之,黑洞无疑是本世纪最具有挑战性、也最让人激动的天文学说之一。许多科学家正在为揭开它的神秘面纱而辛勤工作着,新的理论也不断地提出。

>> 更多介绍

1965年,霍金开始有关黑洞问题的研究。1974年,他发现黑洞由于量子力学的隧道效应,会稳定地向外发射粒子,考虑了这种"蒸发",黑洞就不再是绝对"黑"了。在提出"黑洞蒸发理论"的同时,霍金又把量子力学和引力理论结合在一起,创造了量子宇宙论。他说,根据量子力学,空间中充满了粒子和反粒子。黑洞存在时,一个粒子可以掉到黑洞里面去,留下它的伴侣就是黑洞发射的辐射,这就是霍金提出的被人们称为"霍金辐射"的黑洞辐射论。霍金的名字也因此在科学史上不朽。

金刚石

金刚石经琢磨后称为钻石,而钻石历来就被誉为宝石之王,在它身上凝聚了太多人的梦想和渴望。其实,除了名贵,金刚石还有很多用途,它可用作钻头、切割工具、研磨材料以及高温半导体或尖端工业的原材料。在X射线照射下,金刚石还会发出蓝绿色荧光,它的这一特性被用于从矿砂中选矿。

印度是世界上最早发现金刚石的国家。大约在2 000年前,位于今印度安得拉邦的戈尔康达王国,在克里希纳河、彭纳河及其支流的砾石层中,曾大规模地开采过金刚石。大约在1 700多年前,古印度的金刚石曾随着佛教徒传入中国,金刚石这中文名称,就是在那时形成的。一直到18世纪中叶以前,在近2 000年的漫长时间里,印度的戈尔康达是世界上金刚石的主要产地。可是,印度的金刚石数量有限,产量很低。当世界上其他金刚石产地被开发时,它就几乎不再为人所知了。

17世纪末巴西在米纳斯吉拉斯州首次发现了金刚石,随后又在皮奥伊州找到了含有金刚石的沙砾层。由

经过初步切割的金刚石

南非早期采矿场

于它的产量比印度大得多,因而迅速取代了印度而成为当时世界上的主要金刚石产地。巴西占据产地宝座不到200年就让位给了南非。

南非金刚石的发现是从一个小女孩开始的。在奥兰治河畔霍普敦附近荒凉的河滩上,一个女孩子从沙砾丛中拣到了一块亮晶晶的小石子。这块小石子就成为孩子们的玩物。1867年,这块晶莹又闪着异彩的石子,吸引了一个来此访友的农民的注意。他找人进行鉴别,发现竟是一块金刚石。但这被认为是一个偶然事件。

第二年在瓦尔河两岸又发现了一些金刚石。1869年3月,一颗价值25 000英镑的大金刚石被发现,引起了轰动。然而最初的开采只不过是一些人带着家人或助手,来到河滩上,用铲子、木桶和筛子等简单工具进行筛选。在1870至1871年,南非陆续发现了好几个富含金刚石的地方。这样,南非就变成了世界的主要金刚石产地。

现代采矿作业

南非金刚石矿的特点是颗粒巨大的金刚石较多。如,世界最大的金刚石和第三位、第四位等,全产自南非。世界上已发现的1 900多粒重100克拉以上的金刚石,95%产于南非,由此可见一斑。

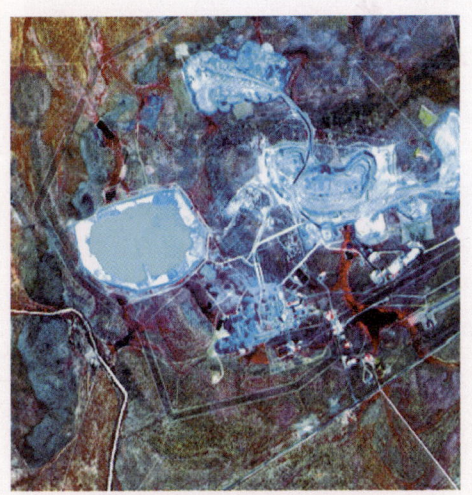

含有金刚石成分的矿石

除了南非,世界上又陆续发现了一些金刚石产地,诸如扎伊尔、原苏联、澳大利亚等等。由于科学的日新月异,现代地质找矿理论的巨大指导作用以及各种先进仪器的巨大威力,使人类发现了越来越多的金刚石矿藏。

>> 更多介绍

金刚石是钻石的矿物学名,"金刚"一词最早见于佛经,英文金刚石(Diamond)一词源于希腊文阿达麦斯(damas),意思是时无匹敌。

金刚石在民间又称金刚钻,因明代小炉匠用其锯锅锯碗而得名,所以,民间俗话说:"没有金刚钻,别揽磁器活。"如今,钻石和金刚石是同义语。

世界最著名的金刚石产地有南非的金伯利地区、扎伊尔、澳大利亚西部、俄罗斯的雅库特、美国的阿拉斯加和巴西的西纳斯吉拉斯等地。中国的辽宁、山东、湖南和贵州也出产金刚石。

科学史上的伟大发现

磷

我国古代把鬼火叫成"燐火",因此,人们就把那些会发"冷"光的物质叫作"燐"。由于磷是非金属元素,常温下的单质呈固态,所以又把原来的"火"字旁改为"石"字旁,写成"磷"。有趣的是,最早发现的磷是从尿液中提炼出来的,并且这个化学发现背后隐藏着一段异想天开的故事。

17世纪时,盛行着炼金术,据说只要找到一种聪明人的石头——哲人石,便可以点石成金,让普通的铅、铁变成贵重的黄金。炼金术家仿佛疯子一般,采用稀奇古怪的器皿和物质,在幽暗的小屋里,口中念着咒语,在炉火里炼,在大缸中搅,朝思暮想寻觅点石成金的哲人石。

当时,德国汉堡有一个想发财的商人名叫布兰德,千方百计地寻找生财之道。当他偶尔听人说,从人的尿液里可以制造出黄金或是能够点石成金的宝贝时,就决心尝试一番。于是,他偷偷地收集了大量的尿液,一点一点的慢慢蒸干后,又胡乱的加上各种各样的东西,今天用煮的办法,明天又用烧烤的办法,一次一次地干下去。

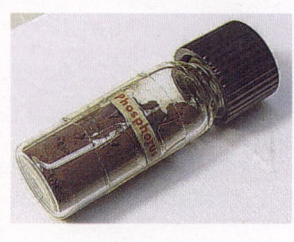

真是无巧不成书,到了1699年,布兰德在经过几十次的改变配方、更换方法后,居然在一次将尿渣、沙子和木炭放在米中加热,尔后用水冷却产生的蒸汽时,得到了一种在黑夜中能发出荧光的物质。这就是他初次得到的磷,一小块白色柔软的白磷(磷的一种单质)。

在化学史上,这属于十分巧合的事,并且相当罕见。尽管磷可以形成各种各样的化合物,遍布于人及动

18世纪绘制的从炼金房发现磷的著名油画

中心人物

布兰德约1630年前后生于德国汉堡,去世的年月不详。他是一个炼金术士,同时又自称是一个内科医生,但从来没有获得过什么学位。西方的医生并不像中医那样,以本草为生。他们在配药的同时,还兼做化学实验,有些医药学家也同时是化学家,所以他们头脑里都有一定的化学知识,并且又有动手能力,能够解决一些问题。布兰德能从尿里提取磷,既有着他的职业特长,又有着他本人的惊人毅力,他能几年如一日地把实验坚持做下去,仅此一点就很值得后人敬佩。此外,更为重要的是,据今所知,布兰德第一个发现了一种元素,在他以前,人们对这种元素的任何形式都一无所知。

物体内，但要用磷的化合物来制取单质，都需要经过复杂的化学反应。工业生产上，经常是用磷矿石为原料，加上石英和焦炭，再经过1500 ℃的高温，而产生的磷蒸汽，在隔绝空气的状态下，冷疑到凉水中，才会成为固体的白磷。

尿液可以制造出黄金，这压根就是一种荒谬的说法，其实，当时的人们谁也不知道人和动物的尿液里到底含有什么东西。如今我们知道，尿液的成分，除了绝大部分水之外，主要的是尿素。此外还有一些新陈代谢的废物，其中便含有极少量的硫、磷等元素，而且是以极其复杂的有机化合物的形式存在的，只有在经过长时间的发酵蒸发后，才能变成磷酸盐。同时，由于饮食情况的不同，排泄物中所含磷的量也有所不同。

布兰德虽然没有得到黄金，却意外地制出了奇怪发光的宝物，他同样欣喜若狂。发光是磷和空气慢慢化合的结果，当然，这在一个世纪以后才被弄清楚，但这种发光现象却使磷的发现蒙上了一种魅力和神秘感。由于分离出来的物质像蜡一样既白又柔软，它在黑暗中能放出闪烁的亮光。根据这些特征，布兰德将它称为 Phosphorus，这个词来自 phos（意为光）和 phorus（意为生产、诞生），在希腊语中，意思就是"晨星"。晨星是光的"产婆"，因为在它出现后不久，太阳就要升起了。在早晨，金星比太阳早到达东方地平线，因而在太阳升起之前，它已闪烁在东方的天空，它就是"晨星"，也叫"冷光"（即白磷）。

为了发财，对于加工制造方法十分保密。因此，当他得到磷的消息在外界传开以后，人们只知道他是用尿做的实验，别的一无所知。于是，在当时炼金术盛行的年代里，有很多人也抱着想碰运气的念头做了起来。1687 年，德国人孔柯尔居然也从尿渣中制出了磷，其做法跟布兰德的方法如出一辙。

可口可乐带有的辛辣气味就来自磷酸

科学史上的伟大发现

氮气

科学家对大气的研究导致了氮气的发现。氮气在大气中约占总体积的 4/5，但因通常条件下很不活泼，在一般化学反应中很难察觉到。所以人们只是在分离出氧气后才较多地认识到氮气的性质，但氮气的发现却早于氧气。

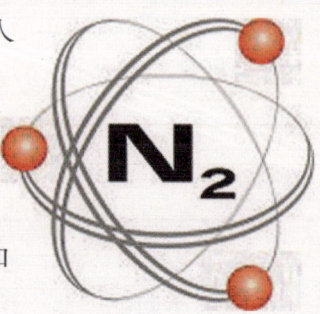

氮的发现其实不是一个人的成就。早在 1771～1772 年间，瑞典化学家舍勒就根据自己的实验，认识到空气是由两种彼此不同的成分组成的，即支持燃烧的"火空气"和不支持燃烧的"无效的空气"。

1772 年英国科学家卡文迪许也曾分离出氮气，他把它称为"窒息的空气"。同年，英国科学家普利斯特里也得到了一种既不支持燃烧，也不能维持生命的气体，他称它为"被燃素饱和了的空气"，意思是说，因为它吸足了燃素，所以失去了支持燃烧的能力。

但是，无论是舍勒，还是卡文迪许和普利斯特里，都没有及时公布发现氮的结论。因此，化学文献中大都认为氮在欧洲首先是由英国化学家丹尼尔·卢瑟福发现的。

1775 年，英国著名的化学家布拉克在一个钟罩内，放进燃烧着的木炭，而燃烧一阵子后，木炭就熄灭了。布拉克认为木炭在钟罩内燃烧可以生成"固定空气"（即二氧化碳）。当布拉克用氢氧化钾溶液吸收了二氧化碳后，钟罩内仍有一定剩余气体留下来。这种神秘的气体到底有何性质，他无法回答。为了寻求答案布拉克要求他的得意门生卢瑟福继续研究这个问题。

17 年后，卢瑟福用动物重做这个实验。当他把老鼠放入密闭钟罩内时，老鼠会被闷死。老鼠闷死后，罩

中心人物

苏格兰著名化学家丹尼尔·卢瑟福（1749～1819）曾经在爱丁堡大学学医，在老师布拉克的安排下，他研究空气中不能维持燃烧的部分这一课题，1772 年卢瑟福在他的博士论文中报道了其研究成果——氮气。尽管氮气的真实性质不是由卢瑟福阐释的，但是氮的发现归功于他。1786 年，卢瑟福被聘为爱丁堡大学的植物学教授，他于 1794 年设计了第一支最高——最低温度计。

内气体的体积缩小了十分之一。若将密闭器皿内的气体用碱液去吸收，发现气体的体积又继续失去十分之一。可是一个奇怪的现象吸引了卢瑟福，在这老鼠也无法生活的气体里，居然可以点燃蜡烛，你可见到烛光隐现而当烛光熄灭以后，如果往密闭容器内投入少许磷，磷又可继续燃烧……

　　卢瑟福的实验使他明确了这样两个问题：一是人们很难从空气中把氧气全部除净。二是这种剩余的气体既不助燃，也无助于呼吸。它不能维持动物的生命，并具有灭火作用。这种气体在水和氢氧化钾溶液中也不溶解。卢瑟福把这种气体称为"油气"或"毒气"。很遗憾，由于燃素学说的影响，卢瑟福犯了一个极大的错误。他不承认"油气"是空气的一种成分。因此，尽管他发现了氮气的存在，但却无法摆脱传统观念的束缚，对气体的性质做科学的阐释，在距离真理只有一步远的地方卢瑟福停了下来。

　　法国科学家拉瓦锡摆脱了传统错误理论"燃素说"的束缚，以实验为根据，作了科学的分析和判断，并指出燃烧其实是物质跟空气里的氧气发生了反应。

　　1777年，拉瓦锡将组成空气的两种气体的混合物分别命名，一种是能助燃，有助于呼吸的气体——氧气；另一种是不助燃、不能维持生命的气体——氮气。

氮气

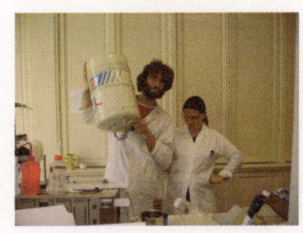

氮储藏室

>> 更多介绍

　　1772年，瑞典化学家舍勒通过实验指出："这种气体较空气轻，它能灭火，其性质颇似固定空气（即二氧化碳），不过其灭火效力没有固定空气显著。"舍勒的可贵之处在于，他是第一个承认氮气是空气中组成部分的人。

科学史上的伟大发现

氧气

氧气的发现把17世纪下半叶至18世纪中叶流行的燃素说推向了崩溃的边缘,成为了化学革命的导火线,更是科学燃烧学说赖以建立的一块最坚固的基石。

在燃素说的阴影笼罩下,氧气由发现到最终得到确认走过了一条漫长、艰辛而曲折的道路,这当中,不少化学家因为固执地遵循着片面、歪曲的前提行进,而导致与得到真理距离一步之遥的遗憾结局。

首先制得纯净氧气并研究了它的性质的人应该说是瑞典化学家舍勒。1772年,舍勒用加热氧化汞、硝酸盐以及让软锰矿与浓硫酸相互作用等多种方法制得了氧气。他发现蜡烛在这种气体中燃烧得更加猛烈,光芒耀眼;该气体可被硫酐(多硫化钾)和白磷所吸收等。他将这些实验结果写入《论火与空气》一书中。但由于出版商的延误,该书直到1777年才得以问世。

遗憾的是舍勒也是燃素说的忠诚信徒,总想把他的发现纳入当时流行的理论框架之中,在理论上却步不前。他把制得的氧气称为"火空气",认为燃烧是"火空气"与可燃物中的燃素结合的过程,火就是"火空气"与燃素生成的化合物。由于被燃素说蒙住了眼睛,舍勒未能对燃烧现象作出正确解释。另外,舍勒还用软锰矿与盐酸作用制得过氯气,但他也给它贴上燃素说的

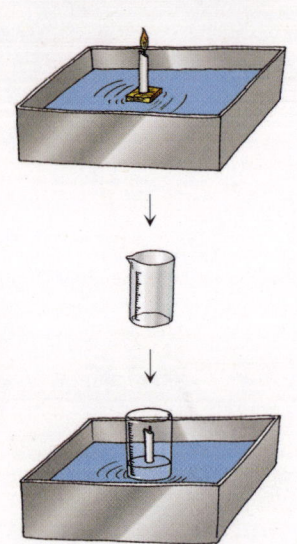

1. 在水槽中固定一支点燃的蜡烛;
2. 将有刻度的烧杯倒置于水面;
3. 待蜡烛熄灭,烧杯中吸入水的体积即为烧杯中原有氧气的体积。

中心人物

英国化学家普里斯特利(1733~1804),自幼爱好化学,由于家境贫寒,经济拮据,靠着别人的赞助,他才建起了自己的实验室。普里斯特利原本是一位职业牧师,他只能利用业余时间从事气体化学研究,即便如此,他也所获颇丰。普里斯特利曾离析出过一氧化碳、二氧化硫、三氧化硫、氯化氢、氨气等多种气体,但他最大的贡献仍是独立地发现并制得了氧气。

标签,将其命名为脱燃素盐酸。

1774年,普里斯特利用直径30厘米的聚光镜加热放在密闭钟罩内的汞灰(HgO),发现有银白色水银生成,并放出一种气体。他用排水取气法将气体收集起来,然后研究它的性质。发现蜡烛在其中燃烧得更加明亮,小白鼠在其中比在同体积的空气中存活时间更长。他亲自尝试了一下,觉得这种空气使人感到轻松舒畅。

但他跟舍勒一样也始终笃信燃素说,没有认识到氧气在燃烧中的作用。他把这种气体也就是氧气,称为脱燃素空气,意思是纯粹不含燃素的空气。由于它强烈地吸收可燃物中的燃素,所以可燃物在其中燃烧得更加剧烈。普里斯特利独立地发现并制得了氧气,1774年,普里斯特利和拉瓦锡见面时讨论了氧气的问题。他把氧气的性质告诉了拉瓦锡。之后,拉瓦锡提出正确的氧气说。9年后,拉瓦锡的氧气说已被人们接受,而普里斯特利仍坚持自己错误的燃素说,并写了很多文章反对拉瓦锡。这是化学史上很有趣的事实,一位发现氧气的人,反而成为反氧化学说的人。

现在看来,普里斯特利已经是约二百年前的化学家了,但是他所发现的氧气,却是使后来化学蓬勃发展的一个重要因素。因此,各国的化学家至今都还很尊敬他。

潜水用氧气瓶

水分子可以分解为氧原子和氢原子

氧原子与氢原子结合生成水分子

>> 更多介绍

法国著名化学家拉瓦锡并没有因循守旧,受普里斯特利加热实验的启发,1777年,他通过水分解得到了两种气体,又将这两种气体燃烧制得了水。这一实验使他认识到空气是有两种气体的混合物:一种是能助燃,有助于呼吸的气体;另一种不助燃、无助于生命的气体。1789年,拉瓦锡在他的《化学大纲》中正式把能助燃的"纯粹空气"命名为氧气。科学的燃烧理论就此建立起来,它为近代化学理论新体系的确立奠定了基础。

燃烧理论

人们对于燃烧现象的正确认识是伴随着气体化学的发展而发展的。18世纪下半叶，随着化学知识的积累和化学实验的不断丰富，人们在发现多种气体的基础上认识到了空气的复杂成分，这就为科学的燃烧理论开辟了道路。

燃烧学是研究着火、熄火和燃烧机理的学科。燃烧是指燃料与氧化剂发生强烈化学反应，并伴有发光发热的现象。燃烧不单纯是化学反应，而是反应、流动、传热和传质并存、相互作用的综合现象。

远古时代，火的使用使人类从野蛮状态走向文明。10世纪以前，人们认为物质燃烧取决于一种特殊的"燃素"。近代以来，关于燃烧现象的本质众说纷纭，自17世纪下半叶至18世纪中叶，在欧洲比较流行的是德国化学家施塔尔提出的燃素说。

铝的燃烧

燃素说解释燃烧现象时，认为一切与燃烧有关的化学变化都可以归结为物体吸收燃素和释放燃素的过程，它虽然解释了某些燃烧现象，但是仍然是一种有严重错误和重大困难的理论。其主要错误是把灰说成是单质，却又把金属说成化合物，并把金属的燃烧过程说成是分解反应。而它最大的困难是，如果确有燃素这种物质存在，它就应具有重量，然而，金属经煅烧释放燃素后重量非但没有减少，反而增加。

直到18世纪下半叶，燃烧问题依然是深奥难解的。法国化学家拉瓦锡决心找到一种更为科学和合理的方法来解释它。他全身心地投入到燃烧现象的研究之中，拉

中心人物

法国化学家拉瓦锡（1743～1794）是当之无愧的近代化学奠基人。他在化学领域的成就斐然：首先，他以实验事实为依据，推翻了统治化学理论达百年之久的燃素说，建立了以氧为中心的燃烧理论；其次，针对当时化学物质的命名呈现一派混乱不堪的状况，他与别人合作制定出化学物质命名原则，创立了化学物质分类的新体系；另外，他还根据化学实验的经验，清晰地阐明了质量守恒定律和它在化学中的运用。这些工作，都为近代化学的发展奠定了重要的基础。

瓦锡收集了著名科学家海尔蒙特、波义耳、斯塔尔等人对这一问题的研究成果，夜以继日地揣摩、思考。

经过两个多月的不懈努力，他发现燃烧金属增重的原因是金属吸收了空气。于是他将这一段的研究结果密封起来，放入科学院的保险柜中。因为他在没有实验证明时，不愿意让别人看到他的结论。接着，他在三四年的时间里，连续进行无数次燃烧和气体方面的实验。

他用金属锡、铅和水银做实验，再用非金属硫磺、磷做实验，还用有机物做实验，逐渐把注意力集中在空气中有哪些助燃气体能够与钨结合使其增重上，并开始了深入细致的研究。

1774年10月，受英国著名化学家普里斯特利的实验研究的启示，拉瓦锡又重复了普利斯特里的加热实验，认识到汞灰分解出来的是氧气。于是，他又用制得的气体逆向重新和汞作用，结果又生成了汞灰。拉瓦锡恍然大悟，原来燃烧就是可燃物质与氧气结合生成氧化物的过程。

1777年9月5日，拉瓦锡向法国科学院提交了划时代的《燃烧概论》，系统地阐述了燃烧的氧化学说，将燃素说倒立的化学正立过来。这本书后来被翻译成多国语言，逐渐扫清了燃素说的影响。科学的氧化燃烧理论的提出和建立，实践了一场深刻的化学革命，确立了科学的近代化学。

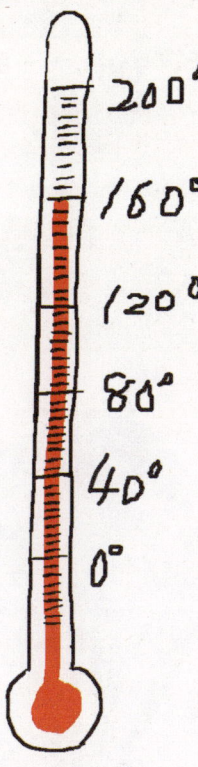

>> 更多介绍

拉瓦锡在1780年出版的著作《燃烧概论》中，提出了如下的燃烧学说：①燃烧时均有光和热放出；②物体只有在纯粹空气(氧气)存在时才能燃烧；③空气由可助燃的和不可助燃的两种成分组成，物质燃烧时由于吸收了空气中的"纯粹空气"而增重，增加的重量恰好等于吸收的纯粹空气的重量；④一般可燃物(非金属)燃烧后都变成酸，氧是酸的本质；金属燃烧后所变成的灰烬是金属的氧化物。1789年在他的《化学大纲》中正式把"纯粹空气"命名为氧气。

氢气

氢是宇宙间最丰富的元素，尽管它并不是以单质形态存在于地球上，可是太阳和其他一些星球却全部是由纯氢构成。这种星球上发生氢热核反应的热光普照四方，温暖了整个宇宙。

氢气是世界上最轻的气体，它的密度非常小，只有空气的 1/14。

在 18 世纪末以前，曾经有不少人做过制取氢气的实验，所以实际上很难说是谁发现了氢气，即使公认对氢气的发现和研究有过很大贡献的英国科学家卡文迪许也认为氢气的发现不只是他的功劳。

早在 16 世纪，瑞士著名医生帕拉塞斯就描述过铁屑与酸接触时有一种气体产生；17 世纪时，比利时著名的医疗化学派学者海尔蒙特曾偶然接触过这种气体，但没有把它离析、收集起来。尽管波义耳偶然收集过这种气体，但并未进行研究。他们只知道它可燃，此外就很少了解。1700 年，法国药剂师勒梅里在巴黎科学院的《报告》上也提到过它。

最早把氢气收集起来，并对它的性质仔细加以研究的是卡文迪什。因此，在化学元素发现史上氢气的发现者目前公认的是卡文迪许。

1766 年，卡文迪许用铁、锌等与稀硫酸、稀盐酸作用制得一种被他命名为"易燃空气"的气体（实际就是氢气），他用普利斯特里发明的排水集气法把它收集起来，进行研究。他发现这种气体与空气混合后点燃会发生爆炸，与氧气化合后会生成水。不仅如此，卡文迪许还发现该气体不溶于水和碱液，与各种不同类型的酸作用时，所产生的量都是固定的，酸的种类、浓度都影响不了它。这样特殊的性质与其他已知气体都不相同，以此推论这该是一种新的元素。

氢气球升空

中心人物

英国科学家卡文迪许（1731～1810），出身豪门，但生活俭朴。他终身未娶，毕生从事科学研究，在化学和物理实验方面作出了卓越贡献，被称为"一切有学问的人中最富有的人，也是一切富人中最有学问的人"。

但是由于卡文迪许是一个虔诚的燃素说信徒,按照他的理解:这种气体燃烧起来这么猛烈,一定富含燃素;硫磺燃烧后成为硫酸,那么硫酸中是没有燃素的;而按照燃素说金属也是含燃素的。所以他错误地认为这种气体是从金属中分解出来的,而不是来自酸中。

氢弹爆炸可以产生非常大的威力

由于氢气的密度很小,卡文迪许曾一度把它当成梦寐以求的燃素。这种推测很快就得以当时的一些杰出化学家舍勒、基尔万等的赞同。其他许多燃素论者也因此而欢欣鼓舞。由于充满氢气的气球在空气中会徐徐上升,这种现象在当时曾被一些燃素学说的信奉者们当成他们论证燃素具有负重量的重要根据。但好景不长,科学态度严谨的卡文迪许通过一系列的实验终于弄清了空气浮力问题,而且证明了氢气是有重量的,只是密度比空气小得多而已,不能作为燃素存在的证明。

1782年,法国化学家拉瓦锡在建立正确的燃烧理论的基础上,用红热的枪筒分解了水蒸气,他明确地提出:水不是元素而是氢和氧的化合物。这个正确的结论纠正了2 000多年来把水当作元素的错误概念。此后的1787年,他把过去称作"易燃空气"的这种气体命名为"Hydrogne"(氢),意思是"产生水的",并确认它是一种元素。

氢气是一种高效环保的燃料

>> **更多介绍**

卡文迪许是一位非凡的科学家,尽管他曾经一度将密度很小的氢当作是一种燃素,但是他有着非常谨慎的科学态度,在权威学说与实验事实之间,他更倾向于后者。

他的实验是这样做的:先把金属和装有酸的烧瓶称重,然后将金属投入酸中,用排水集气法收集氢气并测体积,再称量反应后烧瓶及内装物的总量。这样他确定了氢气的比重只是空气的9%。这说明,氢气是有重量的,只是比空气轻很多而已,它并不是幻想中的燃素。在这样的事实面前,那些迷信燃素说的顽固化学家们仍不肯轻易放弃旧观点,鉴于氢气燃烧后会产生水,于是他们改说氢气是燃素和水的化合物。

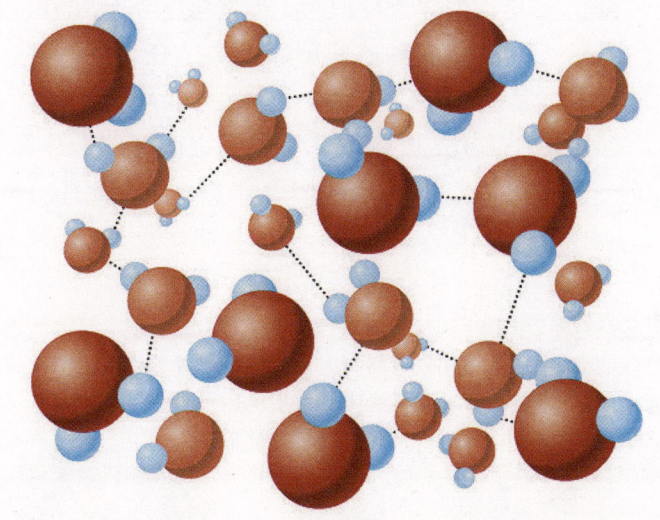

氢的结构

分子原子学说

科学史上的伟大发现

道尔顿建立的分子原子学说揭示了微观粒子的组合方式，为人们打开了研究化学反应本质，进一步研究物质的微观结构打开了关键的一扇大门。除此之外，这一学说在哲学思想上也具有重要的意义，它所揭示的化学反应现象与本质的关系，冲击了当时僵化的自然观，为科学方法论的发展、辩证自然观的形成以及整个哲学认识论的发展都起到了促进作用。

物质是由原子构成的这一猜想，对18世纪以前的人们来说并不陌生，但是真正把这一猜想从推测转变为科学概念的，是英国道尔顿。

道尔顿一直从事原子问题的研究，资料、实验、思考累计了他关于原子论的要点，1803年9月他提出了相关的著名论断：①原子是组成化学元素的、非常微小的、不可以再分割的物质微粒。在化学反应中原子保持其本来的性质。②同一种元素的所有原子的质量以及其他性质是完全相同的，不同元素的原子具有不同的质量以及其他性质，原子的质量是每一种元素的原子的最根本特征。③有简单数值比的元素的原子结合时，其原子之间就发生化学反应而生成化合物，化合物的原子称为复杂原子。④一种元素的原子与另一种元素的原子化合时，它们之间构成简单的数值比。

同年10月21日，道尔顿报告了他的化学原子论，并且宣读了他的第二篇论文《第一张关于物体的最小质点的相对重量表》。他的理论引起了科学界的广泛重视。

1804年以后，道尔顿又对甲烷和乙烯的化学成分进行分析实验，在这个过程中，他发现了倍比定律：相同的两种元素生成两种或两种以上的化合物时，若其中一种元素的质量不变，另一种元素在化合物中的相对重量成简单的整数比。道尔顿认为倍比定律既可看作原子论的一个推论，又可看作是对原子论的一个证明。1807年，汤姆逊在《化学体系》一书中详细的介绍了道尔顿

中心人物

约翰·道尔顿（1766～1844），英国近代化学家。他既具有敏锐的理论思维头脑，又具有卓越的实验才能，尤其是对原子的研究方面取得了非凡的成果，他所建立的原子论在科学理论上是继拉瓦锡的氧化学说之后理论化学的又一次重大进步，对化学真正成为一门学科具有非常重要意义。名震欧洲的道尔顿也因此被称为"近代化学之父"，成为近代化学的奠基人。

的原子论。

第二年道尔顿的主要化学著作《化学哲学的新体系》正式出版，书中详细记载了道尔顿的原子论的主要实验和主要理论，自此道尔顿的原子论才正式问世。道尔顿的原子学说具备了雄厚的科学依据，但是新的实验事实面前又出现了新的矛盾，它最大的缺点就是必须根据人们事先已知某种化合物的存在，来决定其化合物的分子式。

1811 年，意大利科学家阿伏伽德罗在原子学说中引进分子概念。他认为，构成气体的粒子不是原子，而是分子。单质的分子由同种原子构成；化合物的分子由几种不同的原子构成。阿伏伽德罗的假设基本上克服了道尔顿原子学说的缺点。可以说，如果没有阿伏伽德罗的补充，那么道尔顿的原子分子学说是不能被真正确立的。

经阿伏伽德罗来补充的这个原子分子学说比以前的原子学说又有了很大进展。过去，在原子和宏观物质之间没有任何过渡，要从原子推论各种物质的性质是很困难的。现在，在物质结构中发现了分子、原子这样不同的层次。因而我们可以认为，人们对于物质是怎样构成的问题，认识已经接近物质的本来面貌了。

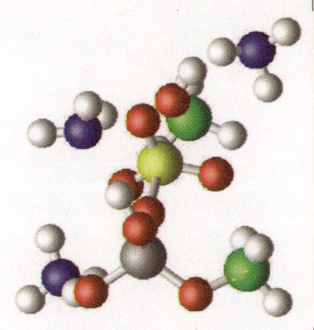

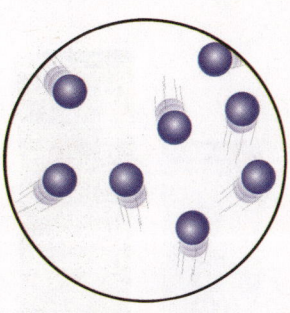

气体分子

道尔顿和一少年在收集甲烷

>> 更多介绍

原子分子学说有两个基本的观点，一是物质是由分子组成的，分子是保留原物质性质的微粒；二是分子是由原子组成，原子则是用化学方法不能再分割的最小粒子，它已失去了原物质的性质。例如，食盐（氯化钠）的分子是由钠原子和氯原子组成的，氯是有毒的，显然食盐的性质与氯和钠的性质截然不同；而完全无害的元素碳和氮，组成的化合物却可以是剧毒的气体氰（CN）化物。

183

科学史上的伟大发现

碘

碘化钾、碘化钠、碘酸盐等含碘化合物,在实验室里是重要试剂;在食品和医疗上,它们又是重要的养分和药剂,对于维护人体健康起着重要的作用。在人体内,碘是一种必需的微量元素,人体缺碘可导致一系列生化紊乱及生理功能异常,由此可见碘的重要性。

碘是一个变化多端的元素,它虽然属于非金属元素,却又闪耀着金属般的光芒;它虽然是固体,却又很容易升华,只要一加热,它可以不经过液态而直接变成气态。人们常常以为碘蒸气是紫色的,其实不然,这是因为里面夹杂着空气,纯净的碘蒸气是蓝色的。

在第戎附近的诺曼底海岸有许多浅滩,海生植物受到海浪和潮水的冲击,会漂浮到浅滩上。在退潮的时候,经营硝石工厂的库特瓦经常到那里采集黑角菜、昆布和其他藻类植物。这些采集物经晒干后烧成灰,再用水浸渍就得到一种溶液,这种溶液经蒸发后可先后结晶出氯化钠、氯化钾和硫酸钾,其中氯化钾可用来生产硝石。

药用液体碘

一次,库特瓦在处理硫酸钾的母液时,加入了浓硫酸,不料,容器上方竟然产生了紫色的蒸气,犹如美丽的云彩冉冉上升。最后这种使人窒息的蒸气竟然充满了实验室,当蒸气在冷的物体上凝结时,它并不变成液体,而是成为一种暗黑色的带有金属光泽的结晶。这一现象使库特瓦惊喜不已,他对这种结晶体进一步研究,发现这种新物质不易跟氧或碳发生反应,但能与氢和磷

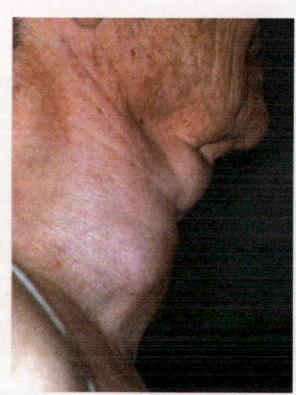

缺碘引起的甲状腺肿大

中心人物

法国化学家库特瓦(1777～1838)出生于法国的第戎,他的家与有名的第戎学院隔街相望。他的父亲是硝石工厂的厂主。酷爱化学的库特瓦一面在硝石工厂做工、一面在第戎学院学习,后来他又进入综合工业学院深造。毕业后他回到第戎继续经营硝石工厂,这个过程中他发现了碘元素。有人因此赞誉他是一位技艺很高的化学家。

化合,也能与锌直接化合。尤为奇特的是这种物质不能为高温分解。库特瓦根据这一事实推想,它可能是一种新的元素。

由于库特瓦的实验设备简陋,药物缺乏,加之他还要把主要精力放在经营硝石工业上,所以他无法证实这种新物质是新元素。最后他只好请法国化学家德索尔姆和克莱芒继续这一研究,并同意他们自由地向科学界宣布这种新元素的发现经过。

经过深入的研究,1813年,德索尔姆和克莱芒发表了题为《库特瓦先生从一种碱金属盐中发现新物质》的报告。他们在研究报告中写道:"从海藻灰所得的溶液中含有一种特别奇异的东西,它很容易提取,方法是将硫酸倾入溶液中,放进曲颈瓶内加热,并用导管将曲颈瓶的口与采集器连接。溶液中析出一种黑色有光泽的粉末,加热后,紫色蒸气冉冉上升,蒸气凝结在导管和球形器内,结成片状晶体。"他们相信这种结晶是一种与氯类似的新元素,为了进一步达到确定的答案,他们又向化学权威戴维、盖·吕萨克、安培等人作了报告。戴维用直流电将碳丝烧成红热,使它与这种结晶接触,并不能把它分解,证明它是一种元素。1814年,这一元素被定名为碘,在希腊文中是紫色的意义。

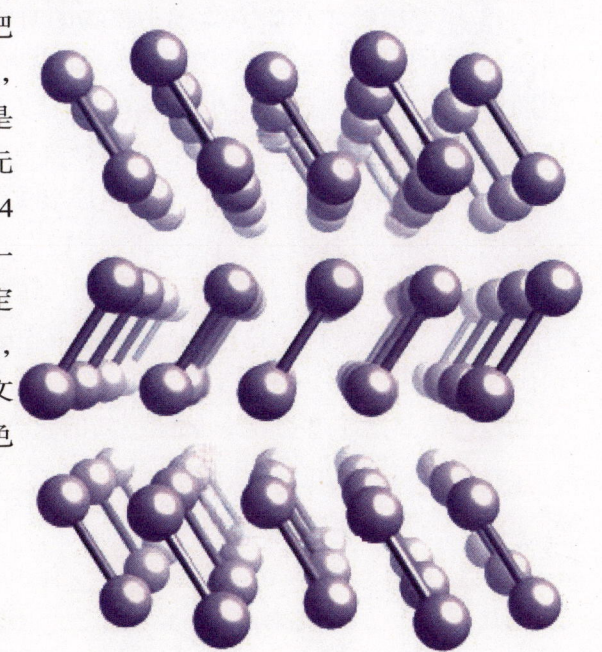

碘的结构图

>> 更多介绍

人类对碘和盐的需要就像对空气和淡水的需要一样,人体内缺碘就面临着痴呆、矮小、不能生育等危险。长久以来食盐缺碘造成的智力损伤严重危害了人民群众的身心健康。几十年来,联合国儿童基金会、世界卫生组织等国际组织一直致力于在全世界范围推动碘盐食用。我国政府也努力在全国开展全民坚持食用碘盐活动,并将每年的5月15日定为"防治碘缺乏病日"。

人类大脑发育的关键时期是从胎儿期到3岁以前,如果在这个时期缺碘就会造成智力损害,而这样的智力损害是不可能被恢复的。碘能帮助儿童和青少年健康成长,缺碘会对生长发育特别是智力的发育造成损害。成年人的新陈代谢都需要碘的参与,缺碘会使人的新陈代谢发生异常,甚至被碘缺乏病所困扰。缺碘轻者会出现10%~20%的智力损失。

碘盐的生产、经营要经考核合格后,方可取得主管部门颁发的许可证。由于这些得力的措施,我国已成为世界上控制碘缺乏危害成就最大的国家。

坚持吃碘盐就会纠正因缺碘引起的无力、容易疲乏、记忆力不好、生理功能减退等现象。更重要的是,碘盐保护了儿童智力的正常发育。如果我们食用合格的碘盐,吃进去的碘量足以满足身体的需要。碘盐是我们生活中无可替代的重要物质。

科学史上的伟大发现

溴

科学研究既要有严肃认真的态度和精细的操作技术，又要有正确的指导理论和思想方法，才能收到好的效果；否则就会走许多弯路，甚至当真理出现在自己的眼前时，也会视而不见。溴的发现历程正是对这一说法的最好诠释。

溴是棕红色发烟液体。溴蒸气对黏膜有刺激作用，易引起流泪、咳嗽。溴的反应性能则较弱，但这并不影响溴对人体的腐蚀能力，皮肤与液溴的接触能引起严重的伤害。

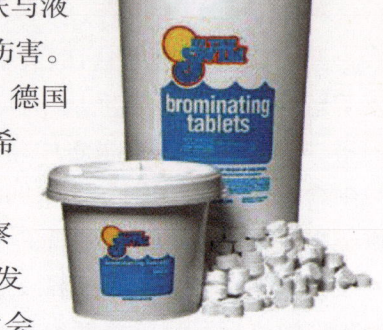

在发现溴的前几年，德国著名的有机化学家李比希曾与这个发现失之交臂。他在为一家制盐工厂考察母液中所含的物质时，发现淀粉碘化物过夜以后会变成黄色，再将母液通入氯气进行蒸馏，会得到一种黄色的液体。没有分析研究，他就判断是氯化碘，并把装液体的瓶子贴上氯化碘的标签。这是一个轻率导致的失误。这种黄色物质并不是氯化碘正是溴。

1842年，巴拉尔在研究盐湖中植物的时候，将从大西洋和地中海沿岸采集到的黑角菜燃烧成灰，然后用浸泡的方法得到一种灰黑色的浸取液。他往浸取液中加入氯水和淀粉，溶液即分为两层：下层显蓝色，这是由于淀粉与溶液中的碘生成了化合物；上层显棕黄色，这是一种以前没有见过的现象。经过研究，巴拉尔认为可能有两种情况：一是氯与溶液中的碘形成新的氯化碘，这种化合物使溶液呈棕黄色；二是氯把溶液中的新元素置换出来了，因而使上层溶液呈棕黄色。

于是巴拉尔想了些办法，试图把新的化合物分开，

中心人物

法国化学家巴拉尔（1802～1876）出身于一个普通的家庭，父母都是酿酒的，但他自幼就很聪明。17岁毕业于蒙彼利埃中等学校后，就转入药物学院学习药物学。1826年，24岁的他就获得了医学博士学位。

但都没有成功。巴拉尔分析这可能不是氯化碘,而是一种与氯、碘相似的新元素。他用乙醚将棕黄色的物质提出,再加苛性钾,则棕黄色褪掉,加热蒸发至干,剩下的物质像氯化钾一样。然后把剩下的物质与硫酸、二氧化锰共同加热,则产生红棕色的有恶臭的气体,冷凝为棕黄色液体。巴拉尔判断,这是与氯和碘相似的一种新元素。

拍照用的胶片上涂有溴化银。溴化银遇光分解后可以产生人眼无法看到的潜影。再通过显影处理和冲洗,影像就清晰可见了。

巴拉尔将自己的新发现报告给了法国科学院。1826年8月14日,科学院派出化学家孚克劳、泰纳和盖·吕萨克共同审查他的新发现。他们一致认为溴的发现在化学上是一种重要的收获,但并不赞成巴拉尔对这种新元素的命名,他们将其改称为溴,含义是恶臭。

1825年,德国海德堡大学学生罗威(1803～1890)把家乡克罗次纳的一种矿泉水通入氯气,产生一种红棕色的物质。这种物质用乙醚提出,再将乙醚蒸发,得到了红棕色的液溴。所以,他也是独立发现溴的化学家。

>> 更多介绍

溴的化学性质和氯的化合物很不相同,李比希忽略了这一点。后来听说发现了溴,他知道自己错了,他将贴氯化碘标签的瓶子特别保存起来,作为研究工作中的教训。并且他常把这个瓶子给朋友看,以表明不加分析研究、不讲论证,而以先入为主的观念来对待科学,往往会错失重大发现。

溴除了少量存在于盐湖与地下水之外,绝大部分存在于海洋之中。据计算,每吨海水中含溴65克,而整个地球上的溴元素储量大约达到了100亿万吨,这真是个惊人的数字!

臭 氧

地球上的人类和生物亿万年来能够正常地生长发育，世代繁衍，仰仗了一种特殊物质的保护。它环绕地球形成了一个天然的保护屏障。尽管只是薄薄的一层，但却能有效地阻挡住太阳光线中对人体和生物造成伤害的那部分紫外线的照射。如果这种物质消失了，能杀伤生物的紫外线便能无遮无拦地长驱直入我们赖以生存的地球，造成地球上的生灵灭绝。这种重要的物质就是臭氧，由臭氧形成的地球屏障就是臭氧层。

地球上的人类和生物亿万年来能够正常地生长发育，世代繁衍，仰仗了一种特殊物质的保护。这种物质就是臭氧。

臭氧在自然界中无处不在，它分布在地面上空15千米到50千米的大气平流层中，并形成一个环绕地球的天然屏障。尽管这种屏障只是薄薄的一层，但却能有效地"阻挡"住太阳光线中对人体和生物造成伤害的那部分紫外线的照射。如果这种物质消失了，我们赖以生存的地球就会成为一个不设防的城市，能杀伤生物的紫外线便无遮无拦地长驱直入，结果只能是地球上的生灵灭绝。

其实，臭氧很早就被人发现了。当时人们用兽皮毛摩擦物体时嗅到特殊臭味的气体，这就是臭氧。琥珀是树脂在地层下受压后形成的一种黄色至红褐色半透明的天然塑料，表面光滑，古代人们从地下挖掘到它后，用它制成玩赏的小饰件，如烟嘴等，琥珀受到皮毛摩擦后产生静电放电，会使周边空气中的氧气转变成臭氧。

现今，臭氧也是在放电中被发现和制成的。在近代化学实验中最早制得臭氧的是荷兰化学家马鲁姆。1785年他在密闭的玻璃管中汞面上的氧气通电后，发觉有一股非常强烈的臭味，好像是电气的味道。但是，他并不知道这股臭味到底是什么。

到1840年，德国化学家舍恩拜因在空气中进行放电实验的时候也嗅到了这种电气的味道，认为它和氯以

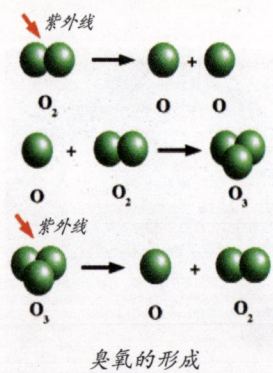

臭氧的形成

人口增多、汽车尾气及工业污染都会使大气低层的劣质臭氧增多。

中心人物

克里斯蒂昂·舍恩拜因（1799～1868）是德国著名的化学家，他在科学上的成就除了1840年发现和命名了臭氧以外，还偶然发现了现在被称为"硝化纤维"或者"棉火药"的东西，也就是后来在战场上广为使用的炸药。

及溴属于同类气味。1844年他又发现白磷在空气中发光氧化时也产生这种臭味，更发现它能将碘化钾中的碘释放出来，并能将二价亚铁盐氧化成三价铁盐。他认为氮气是这种气体和氢气的化合物。他继续研究这种气体，在1854年发

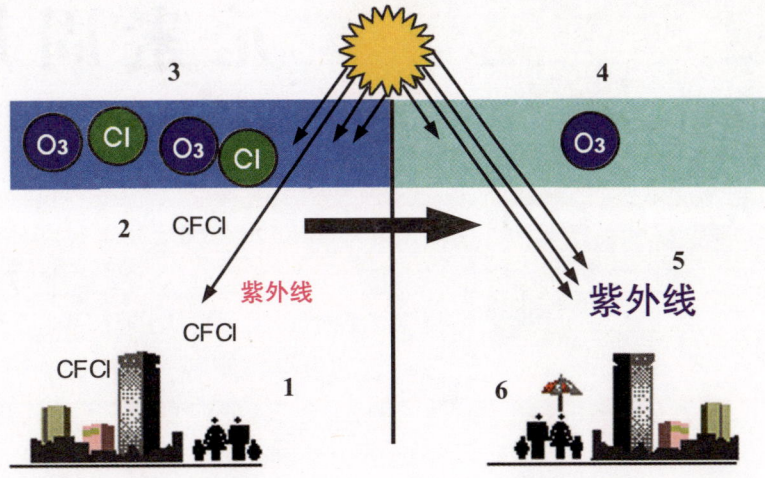

1. 氟氯化碳（CFCl）释放到空气中；
2. 氟氯化碳向上升到臭氧层；
3. 在紫外线照射下，氯（Cl）从氟氯化碳中分离出来；
4. 氯破坏臭氧层；
5. 臭氧减少导致紫外线照射增强；
6. 强烈的紫外线照射极易引起皮肤病变。

表的论说中指出，氧气除了普通的氧气外，还有一种ozonized 氧气。ozonized 这一词可译成"臭味化了的"或"变臭了的"。它来自希腊文，ic 即嗅、臭味，德文中的臭氧 ozon、法文中的臭氧 ozone、英文中的臭氧 ozone 都从它而来。我们称它为臭氧是很适合的。

同一个时期里，还有一些人发现过它。1845年，瑞士化学家马里纳和德拉里夫，各自加热氯酸钾获得氧气后，经干燥，在其中放电而获得臭氧。认为它是一种特别化学活动的氧气。直到1898年，德国化学家拉登堡在测定了它的原子量后，确定它的化学式是 O_3，它是氧气的一种同素异形体。

目前，世界上还为此专门设立国际保护臭氧层日。但是，臭氧不是越多越好，如果大气中的臭氧，尤其是地面附近的大气中的臭氧聚集过多，对人类来说臭氧浓度过高反而是个祸害。所以说，臭氧对人有利也有害。

>> 更多介绍

臭氧是一种天蓝色气体，冷却时可凝结成暗蓝色液体，并可凝固成紫黑色晶体。

臭氧具有活泼的化学性质、很不稳定，在常温下就会慢慢变成氧气，受热时变得更快。它能氧化许多氧气所不能氧化的物质。金属银在臭氧中表面被氧化成一层银锈，硫化铅（PbS）被氧化成硫酸铅，硫酸亚铁被氧化成硫酸铁。许多有机物，如松节油、酒精等，遇到臭氧会着火燃烧。将气体通入含有少量淀粉浆的碘化钾溶液中，可以检验是否有臭氧存在。空气中存在的臭氧会促使橡胶轮胎老化，还会与氮的氧化物等化合生成带刺激性的有毒气体，污染环境。因此，它对人类来说既有益也有害。

元素周期表

宇宙间存在着多种多样的元素，它们不是一群乌合之众，而是像一支训练有素的军队，按照严格的命令井然有序地排列着的，这一切我们可以从门捷列夫编制的元素周期表中看出。

元素周期表揭示了物质世界的秘密，把一些看来似乎互不相关的元素统一起来，组成了一个完整的自然体系。它的发明，是近代化学史上的一个创举，对于促进化学的发展，起了巨大的作用。看到这张表，人们便会想到它的最早发明者——门捷列夫。

1861年，门捷列夫任圣彼得堡大学的教授，在编写无机化学讲义的时候，按照什么次序排列元素的位置成了一道难题。

当时化学界发现的化学元素已达63种。为了研究有关元素之间的内在联系、寻找元素的科学分类方法，门捷列夫废寝忘食、夜以继日地分析思考着。为此，他还专门想了一个办法，他剪了许多大小相同的卡片，制成一副特殊的"纸牌"，每一张纸牌上都写着元素的名称、原子量、化合物的化学式和主要性质。此后，门捷列夫常常旁若无人地拨弄着元素卡片，像玩纸牌那样，收起、摆开，再收起、再摆开……很长时间过去了，门捷列夫都没能够在杂乱无章的元素卡片中找到内在的规律。

但是，门捷列夫还是不分昼夜地研究着，他企图在元素全部的复杂的特性里，捕捉元素的共同性。研究一次次地失败了。可他没有屈服，坚持研究下去。

有一天，他又坐到桌前摆弄起"纸牌"来了，摆着，摆着，门捷列夫像触电似的站了起来，在他面前出

中心人物

俄国化学家门捷列夫（1834～1907）因发现了化学元素周期律而获得英国皇家学会戴维奖章，也因而声名远播。元素周期表把一些看来似乎互不相关的元素统一起来，组成了一个完整的自然体系，是近代化学史上的一个创举，对于促进化学的发展，起了巨大的作用。

除了完成这个勋业之外，他还研究过气体定律、气象学、石油工业、农业化学、无烟火药、度量衡等，在这些领域当中，门捷列夫都不同程度地取得过成就。他给世界留下的宝贵财产，将永垂史册。

现了完全没有料到的现象,每一行元素的性质都是按照原子量的增大而从上到下地逐渐变化着。

门捷列夫激动不已,他决定根据元素原子量及其化学性质的近似性试排元素表。

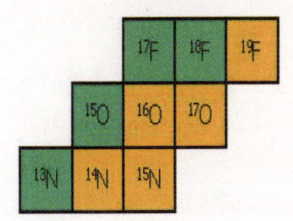

1869年2月底,门捷列夫把当时已发现的63种元素按其原子量和性质排列成一张表,竖行表示族,横列表示周期。在这个过程中他发现,从任何一种元素算起,每数到8个就和第一个元素的性质相近,他把这样周期性变化的规律称为"八音律"。

由于时代的局限性,门捷列夫的元素周期律并不是完整无缺的。1894年,惰性气体氩的发现,对周期律是一次考验和补充。1913年,英国物理学家莫塞莱在研究各种元素的伦琴射线波长与原子序数的关系后,证实原子序数在数量上等于原子核所带的阳电荷,进而明确作为周期律的基础不是原子量而是原子序数。

在周期律指导下产生的原子结构学说,不仅赋予元素周期律以新的说明,并且进一步阐明了周期律的本质,把周期律这一自然法则放在更严格更科学的基础上。

元素周期律经过后人的不断完善和发展,在人们认识自然,改造自然,征服自然的斗争中,发挥着越来越大的作用。

>>更多介绍

门捷列夫在排元素周期表时,还大胆修正了一些元素的原子量,改排了一些元素的位置,并在表中留下许多空位,指出这些空位上还有一些没有发现的元素,同时预言了它们的性质。

1875年,法国化学家布瓦博德朗发现了门捷列夫在1869年曾预言过的镓,这是元素周期律的首次告捷。此后,门捷列夫预言的元素陆陆续续被找到,他和他的元素周期律因此名声大振。

191

科学史上的伟大发现

单质氟

在化学元素史上,参加人数最多、危险最大、工作最难的研究课题,莫过于氟元素的发现。自1768年德国化学家马格拉夫发现氢氟酸以后,到1886年法国化学家莫瓦桑制得单质的氟为止,历时118年之久。为了追求科学的真谛,不少化学家因此而损害了健康,甚至献出了生命,可以说是一段极其悲壮的化学元素史。

在莫瓦桑之前,包括像戴维、安培、尼克雷、弗雷米等一些知名的化学家都为制取单质氟做出过努力,但最终都没有取得成功,很多化学家甚至还因此而搭上了性命。

1872年,莫瓦桑当上当时研究氟化物的化学家弗雷米教授的学生后,就接过了这一化学界的难题。他先花了好几个星期的时间查阅科学文献,研究了几乎全部有关氟及其化合物的著作。经过长时间的探索和一连串的实验,他否定了当时已知的一些方法,根据氟活泼的化学性质,他得出了这样的结论:之所以自己的实验屡屡失败,症结在于都是在高温下进行的。莫瓦桑认为,反应应该在室温或冷却的条件下进行。电解因此成了唯一可行的方法了。

氟钙牙膏帮助坚固牙齿

莫瓦桑打算制备剧毒的氟化砷来电解,但是,新的困难出现了,原来氟化砷是不导电的。在这种情况下,他只好往氟化砷里加入少量的氟化钾。这种混合物的导电性能好,可是在反应开始几分钟后,阴极表面覆盖了

中心人物

莫瓦桑(1852~1907),法国著名化学家,他在1886年制取了单质氟,因此荣获了诺贝尔化学奖。莫瓦桑在化学上的成就还有:发明了以他名字命名的电炉——莫氏电炉,他用其制出了铀、钨、钒、铬、钛、铝等十几种金属;莫瓦桑还是世界上第一个制造人造金刚石的化学家。他一生中获得了很多荣誉,曾被聘为好几所大学的名誉教授,俄国还授予他科学院名誉院士的称号。

一层电解析出的砷,于是电流中断了。不仅如此,实验中,莫瓦桑还感到呼吸困难,他面色发黄,眼睛周围出现了黑圈,这是砷中毒的迹象。这套方案只得放弃了。可是,实验却从未中断。

莫瓦桑设计在低温下电解氟化氢。由于干燥的氟化氢不导电,于是往里面加入少量的氟化钾。他把这个混合物放在一支 U 形的铂管中,然后通电流。在阴极上很快就出现了氢气泡,但阳极上却没有分解出气体。电解持续近一小时,分解出来的都是氢气,连一点氟的影子也没有。可当他拔掉 U 形管阳极一端的塞子时,惊奇地发现塞子上覆盖着一层白色粉末状的物质。氟到底还是分解出来了,不过和玻璃发生了反应。

这一发现使莫瓦桑受到了极大的鼓舞。他把不与氟起作用的萤石制成实验用的器皿,把盛有液体氢和氟化钾的混合物的 U 形铂管浸入制冷剂中,以铂铱合金作电极,用萤石制成的螺旋帽盖紧管口,管外用氯化甲烷作冷冻剂,使温度控制在 -23℃,进行电解,终于在 1886 年 6 月 26 日第一次制得了单质氟。当时,莫瓦桑年仅 34 岁。

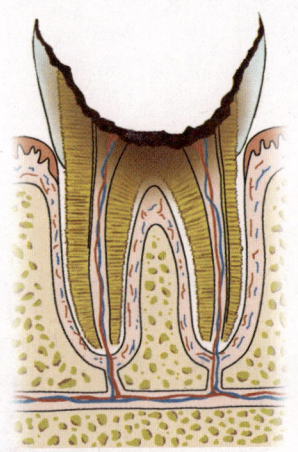

蛀牙

氟利昂曾经是家用冰箱的主要制冷剂

>> 更多介绍

氟被称为是死亡元素,在莫瓦桑以前,所有制取单质氟的实验都失败了,大化学家戴维就曾想制取,不但没有成功,而且还中了毒。1836 年,爱尔兰科学院的诺克斯兄弟在制取单质氟时,哥哥中毒死了,弟弟进了医院。此外,还有比利时的鲁那特、法国的尼克雷都在做这类实验时被毒死了,著名的盖·吕萨克也差点送了命。

味精

> **据**科学家证实,人类的味觉除了可分辨甜、酸、苦、咸四种基本味道外,还可体验第五种味道——鲜味,除可透过新鲜材料烹制而品味外,为食物添加味精,也是增加食物"鲜味"的方法。

众所周知,味精是一种广泛应用的调味品,它的诞生至今还不到 100 年。说起味精的发明,纯属一种偶然。

1908 年的一天,日本东京大学化学系教授池田菊苗做完一天的实验回到家,贤惠的妻子端上了几盘炒菜和一碗汤,饥肠辘辘的池田菊苗吃得特别香,尤其是那一碗汤,有一种说不出的鲜美味道。

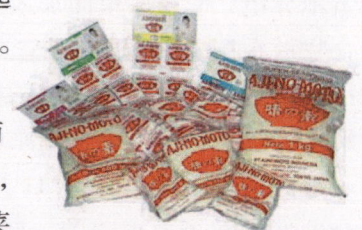

他仔细观察了做汤的原料,发现碗里只有几片薄薄的黄瓜片和一些海带丝。黄瓜绝不会有什么新鲜的美味,奥妙一定出在海带里。出于科学家的一种本能,平时很少吃海带的池田菊苗立即对海带发生了兴趣,他要探明海带味道鲜美的原因。

于是,他取来一些海带,急冲冲地又去了实验室。

虽说东京大学是世界著名的高等学府,学校实验室的条件相当好,但在那时,要分析一种食物的化学成分并不容易。池田菊苗将海带的提取液,分别滴加各种试剂,然后将鉴定出的成分,做口感试验。

半年之后,池田菊苗发现海带里含有一种叫谷氨酸钠的化学物质,这种物质具有强烈的鲜美味。把少量的谷氨酸钠放进菜肴里,能够使鲜味大大提高。池田菊苗

中心人物

池田菊苗(1864～1936)是日本东京大学化学系的一位教授,在很偶然的一次吃饭时,他发现了味精。

后来,他发现了用小麦和脱脂大豆作原料提取味精的方法,使味精的生产在全世界迅速普及开来。

把他的发现写成论文,发表在一个学术刊物上之后,又开始了其他的研究工作。

一位名叫铃木三郎助的企业家,无意中从朋友那听说了这件事,凭着商人的灵敏嗅觉,他断定这种谷氨酸钠有利可图,有广阔的市场。于是,他找到了池田菊苗,要求池田菊苗把技术转让给他。池田菊苗告诉他,100千克海带只能提取2克谷氨酸钠,为降低成本,池田菊苗提出建议尝试用小麦作原料,提取小麦蛋白质里的这种物质。

铃木三郎助很赞同池田菊苗的想法。于是俩人开始了从小麦中提取谷氨酸钠的工艺研究。不久,这项技术获得了成功。他们便开始大批量生产,投入市场。他们将产品称为"味之素",并打出了响亮的广告:"家有味之素,白水变鸡汁。"

日本人的"味之素"很快就传进了中国。一位名叫吴蕴初的化学工程师成为世界上最早用水解法来生产味精的人。他在上海创立了天厨味精厂,向市场推出了中国的"佛手牌"味精。味精在厨房的使用使鲜味大幅度提高了。这样以来,佛手牌味精不但在中国极为畅销,还打进了美国市场。吴蕴初也获得了一个"味精大王"的称号。

之后,味精便在全球普及开来。

蚝油等也可以提高菜肴的鲜味

>> 更多介绍

事实上,早在味精被发现前,鲜味已是世界各国烹饪不可缺少的一部分,如法式的肉汤、日本的鲣鱼汤、中国的蚝油及东南亚的鱼露,都能品尝到鲜味。至于提炼味精,可从甘蔗、木薯、西米和玉米等提取,经过发酵、结晶、液化、抽干等程序后获得谷氨酸钠(味精)。除调味外,谷氨基酸也可用于药物、动物饲料等。

科学史上的伟大发现

同位素

在化学元素周期表中，多数的"位置"同时都有几位"主人"共同占据着，这就是处于同一位置的"同位素"。同位素的发现不仅大大丰富了化学元素的概念，而且还将科学家的目光引导到寻找基本粒子规律性的主题上面，为日后化学学科开辟广阔的新领域作出了重大的贡献。

同位素是具有相同原子序数的同一化学元素的两种或多种原子之一，在元素周期表上占有同一位置，化学行为几乎相同，但原子质量或质量数不同，从而其质谱行为、放射性转变和物理性质（例如在气态下的扩散本领）有所差异。同位素的表示是在该元素符号的左上角注明质量数。自然界中与多元素都有同位素。同位素有的是天然存在的，有的是人工制造的，有的有放射性，有的没有反射性。

西奥多·威廉·理查兹

19世纪末期，由于电子、X射线和放射性的发现，人类的认识开始深入到原子内部。截至1907年，被分离出来的并且加以研究的放射性元素就近30种。这样一来，原有的元素周期表没有可以容纳它们的空位。然而，令人不解的是，尽管有些化学元素的放射性不同，但化学性质却完全一样，根本没有办法把它们分开。

根据大量的这类事实，到了1910年，索迪终于提出了著名的同位素假说，即：存在有原子量和放射性不同，但化学性质完全一样的化学元素的变种，这些变种在元素周期表中应该处于同一个位置上，因此命名为

阿斯顿

中心人物

弗雷德里克·索迪（1877～1956），英国著名化学家。牛津大学毕业后，曾担当物理学家卢瑟福的助手，共同从事放射性研究，成果颇丰。1910年，他独立提出了同位素假说，1913年又发现了放射性元素的位移规律，为放射化学、核物理学这两门新学科的建立奠定了重要基础。1921年的诺贝尔化学奖记载了索迪在化学领域的杰出贡献。

"同位素"。同位素一词，也是他在 1913 年这一年首先使用的。

自从索迪将同位素作为一种假说提出来以后，勇于接受新事物的阿斯顿立即以极大的热忱接受了它。阿斯顿仔细地研读了索迪的理论，当即认为这一假说是可以成立的，随后，在他的各项实验中，阿斯顿都大胆地采用同位素的概念对一些问题做解释说明。一切显得合理而自然，这更加坚信了阿斯顿对同位素的信仰。

为了增强说服力，阿斯顿采用分馏技术以及扩散法，将氖进行分离，最后再精确地测定它们的原子量，由此证实了 Ne20 和 Ne22 的存在。在 1913 年全英科学促进会的会议上，阿斯顿做了此项实验演示，赢得了同行们的高度评价。

阿斯顿并没有就此满足，经过不懈的努力，他制造了一个包括由离子源、分析器和收集器三部分组成的仪器——质谱仪，它可以用来测量诸多元素同位素及其丰度。阿斯顿用它测定了几乎所有元素的同位素，实验结果表明，不仅放射性元素存在着同位素，而且非放射性元素也存在着同位素。事实上几乎所有元素都存在同位素。这就证实了同位素的存在是个普遍现象。阿斯顿的杰出工作，让人们了解和发现了元素具有的丰富内容。

至此，有关确认同位素存在的工作告了一个段落，索迪和阿斯顿两人在同位素领域中所作的卓越贡献历史会予以铭记，诺贝尔化学奖就是最好的见证。

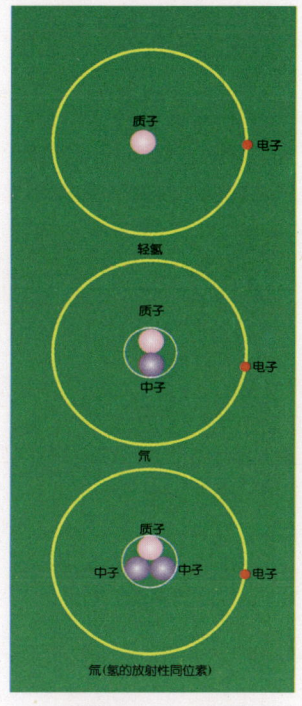

氢的同位素示意图

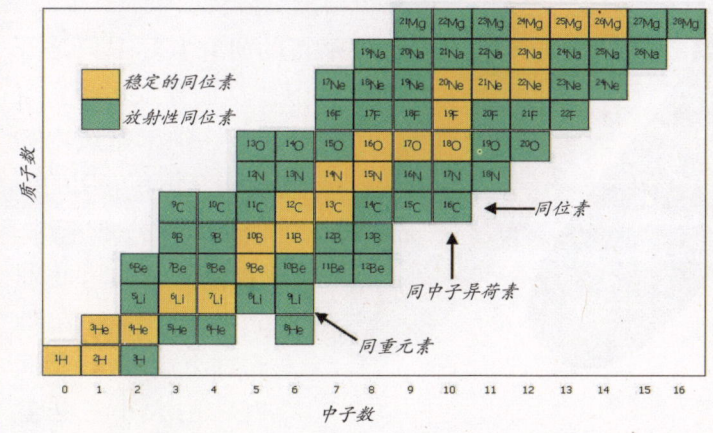

>> 更多介绍

同位素假说由理论变为现实，美国著名化学家理查兹功不可没。他一直从事原子量的研究，大大改进了重量法测定原子量的技术，发明了浊度剂，引用了石英仪器等。理查兹的实验极为精细，在他重新精确地核定了 60 多种化学元素的原子量过程中，发现了同一个元素的原子量随来源的不同而可能出现差异的事实。1913 年，理查兹对来源不同的放射性矿物中铅的原子量进行测定，结果是：由铀衰变成的铅、从钍衰变而来的铅与普通的铅，三者的原子量都不尽相同。这一事实揭示了自然界当中确实存在着同位素。

Great discovery in Science history

纳米材料

随着人类对物质微观世界认识的不断进步，在20世纪进入尾声的时候，一门新兴的学科诞生了。1990年，第一次纳米科技大会在美国举行，《纳米技术杂志》正式创刊，纳米科学技术由此正式宣告"开宗立派"。尽管纳米科技问世的时间不长，但是它带来的冲击却是明显的。越来越多的科学家相信，这项新兴科学技术将带来新一轮的技术革命，人们将凭借它进入一个奇妙的崭新世界。

所谓纳米科学，是人们研究纳米尺度，即100纳米至0.1纳米这个微观范围内的物质所具有的特异现象和功能的科学；而纳米技术则是指在纳米科学的基础上制造新材料、研究新工艺的方法和手段。其实，从比较准确的意义上来讲，纳米科技诞生的时期应该还要早一些。

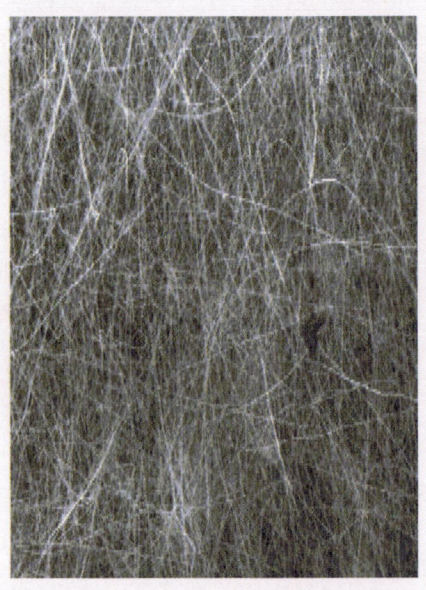

纳米材料放大图

1984年，德国著名学者格莱特利用现代技术把一块6纳米的铁晶体压制成纳米块，并详细研究了它的内部结构，结果发现它比普通钢铁的强度要高12倍，硬度要高2~3个数量级。而且这种纳米金属在低温下甚至会失去传导能力，并且随着尺寸的缩小，纳米材料的熔点也会随之降低。

格莱特的研究实际上只是开了一个头，从而导致了科学家们对物质在纳米量级内物理性能变化和应用的广泛研究。一般来讲，纳米颗粒的尺寸通常不超过10个纳米。在这个量级内，物质颗粒的大小意味着

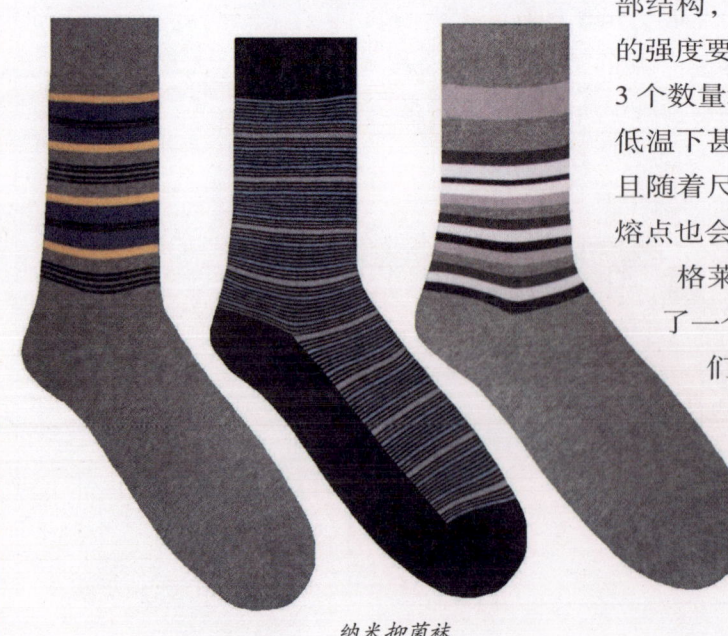

纳米抑菌袜

它已经很接近一个原子的大小了。在这种状态下，物质的性能和结构的变化已经是非连续性的了。就是说，量子效应开始发生作用。因此，用纳米颗粒最后制成的材料与普通材料相比，在机械强度、磁、光、声、热等方面都有很大不同，由此会产生许多完全不同的功用。

按目前的研究状况，纳米科技一般分为纳米材料学、纳米电子学、纳米生物学和纳米制造学、纳米光学等，这其中的每一门学科又都具有跨学科性质，是集研究与应用于一体的边缘学科与综合体系。很显然，纳米科学技术是一门以物理、化学两门基础学科的微观研究理论为基础，以先进的解析技术和工艺手段为前提的内容广泛的多学科综合体。它既不是某一学科的延伸和发展，也不是某一工艺技术革新的产物或转化。它是基础理论学科和当代高新技术紧密结合的产物。

尽管目前科学界在纳米科学技术领域已经取得了一系列重要的进展，并开发出了不少纳米材料和器件，但从严格的意义上讲，纳米科学技术在20世纪，仅是刚刚露出尖尖角的小荷，它的灿烂和美丽将是属于21世纪的。因而，这门学科的诞生可以说是20世纪的科学家们献给21世纪的一份珍贵的礼物。

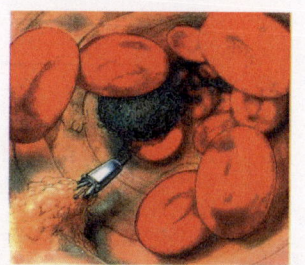

纳米机器人可以对人体健康状况进行检查，并且能够在指令控制下对病患处进行处理。

>> 更多介绍

纳米材料是纳米科技领域比较成熟的组成部分，也是纳米科技的发展基础。在这方面，科学家们已经取得了一些重要进展。以陶瓷材料为例，普通陶瓷材料具有强度高而韧性差、熔点高而难以加工成形的特点；但利用纳米技术加工成的纳米陶瓷不仅保持了原有特性，还具有超塑性质，并可在较低温度下加工成耐高温的器件，从而大大拓宽了陶瓷材料在工业制造领域的应用范围。

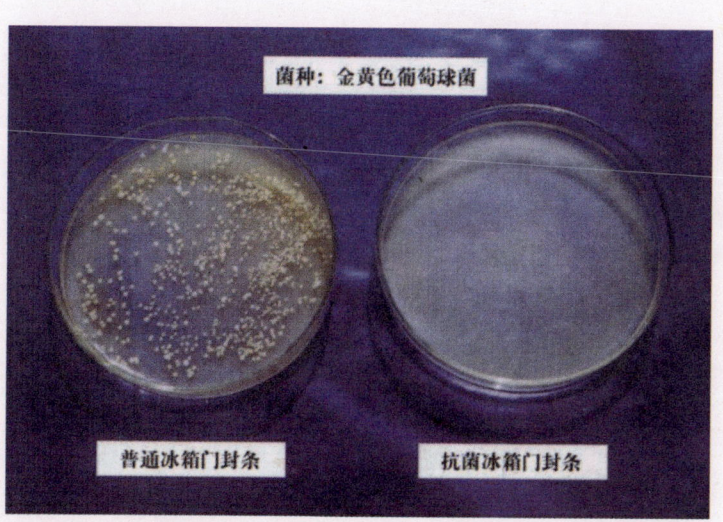

纳米材料制成的冰箱门封条密闭性更好，能够提升冰箱的保鲜功能。

图书在版编目（CIP）数据

世界科学历史上的伟大发现 / 田战省编. —西安：陕西科学技术出版社，2010.1
（科普新阅读）
ISBN 978-7-5369-1772-9

Ⅰ. 世... Ⅱ. 田... Ⅲ. 科学技术—世界—普及读物 Ⅳ. N19-49

中国版本图书馆 CIP 数据核字（2006）第 161001 号

科普新阅读
世界科学历史上的伟大发现

总策划	田战省
责任编辑	李　栋
装帧设计	阎谦君
图片编排	王　飞

出版者	陕西出版集团　陕西科学技术出版社 西安北大街 147 号　　邮编 710003　　电话（029）87211894 传真（029）87218236　　http：//www.snstp.com
经　销	各地新华书店
印　刷	陕西金和印务有限公司
开　本	787 mm×1 092 mm　　1/16
印　张	12.5
字　数	258 千字
版　次	2006 年 12 月第 1 版
印　次	2012 年 3 月第 3 次印刷
定　价	29.80 元

版权所有　翻印必究